INSTRUMENTS AGRICOLES,

LABOURS, SEMAILLES, FENAISON, MOISSON.

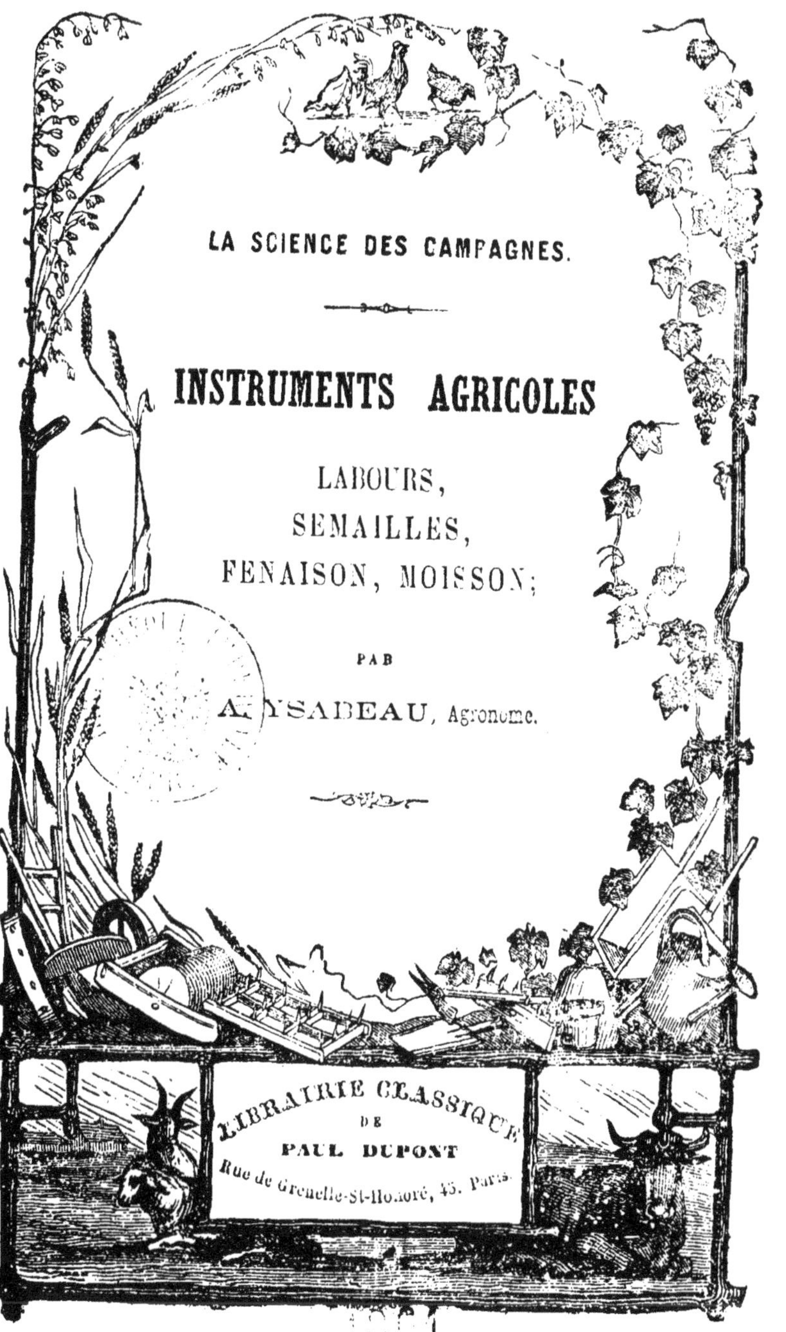

LA SCIENCE DES CAMPAGNES.

INSTRUMENTS AGRICOLES

LABOURS, SEMAILLES, FENAISON, MOISSON;

PAR

A. YSABEAU, Agronome.

LIBRAIRIE CLASSIQUE
DE
PAUL DUPONT
Rue de Grenelle-St-Honoré, 45. Paris.

1861

La pratique agricole sera toujours entravée dans sa marche vers le progrès, tant que la connaissance et l'usage des meilleurs instruments aratoires n'auront pas été vulgarisés parmi les populations rurales; il faut aussi que l'ouvrier agricole comprenne bien le mécanisme et l'emploi des machines et appareils à l'usage de l'agriculture progressive, afin qu'il puisse en seconder les larges applications dans les grandes exploitations rurales. Il importe au même degré qu'il soit pénétré des vrais principes qui doivent présider aux grands travaux des labours, de la fenaison, de la moisson, travaux que lui seul peut exécuter, et dont le plus ou moins de perfection fait la ruine ou la prospérité de l'agriculture.

C'est pour offrir aux classes laborieuses de la population des campagnes des lumières à leur portée sur ces trois points importants que cet ouvrage lui est offert, sous la forme et dans les conditions qui le rendent le plus apte à atteindre complétement son but.

On ne croit pas que ce qu'on nomme l'esprit de routine du paysan, son attachement aux vieux usages et aux vieux instruments aratoires, doivent être blâmés trop sévèrement et d'une manière trop absolue. Le cultivateur peu éclairé a ses obligations à remplir, il faut qu'il joigne les deux bouts, en faisant vivre sa famille ; il ne peut donc rien donner au hasard ; à son point de vue, les meilleurs usages agricoles, les meilleurs instruments aratoires sont ceux qu'il connaît, dont il sait tirer parti, et qui le mènent bon an mal an, à un résultat qui assure sa subsistance et celle de la société ; il n'en est plus à douter qu'on ne puisse faire mieux qu'il ne fait ; mais, ce mieux, il ne le connaît pas, et il s'en défie : il faut le lui faire connaître.

Le fils du cultivateur qui, dès qu'il saura lire, aura entre les mains un livre comme celui-ci, court, concis, correct, ne lui disant que ce qu'il peut comprendre sans effort, lui mettant sous les yeux les figures exactes des meilleurs outils de sa profession, avec l'exposé lucide de leurs avantages: celui-là, devenu homme et laboureur, ne voudra plus ni des pratiques surannées, ni des instruments défectueux; loin d'enrayer le progrès il s'empressera de le hâter de tous ses efforts.

C'est en effet à la jeune génération qui sait et qui veut lire, qui se jette avec avidité sur tous les livres à sa portée traitant de sa profession, qu'il faut s'adresser aujourd'hui; car c'est sur elle que repose tout l'avenir de notre agriculture. Ce sont les jeunes cultivateurs qui, éclairés par la lecture des ouvrages agricoles adaptés à leurs vrais besoins intellectuels, rejetteront au rang des souvenirs le vieil arriau gaulois, la faucille de Cérès, tous les outils, toutes les coutumes agricoles qui ont fait leur temps; ce sont eux qui, dans les pays de grande culture, loin de traiter en ennemies les machines à faucher, à moissonner, à battre les grains voudront apprendre à les diriger, à les réparer au besoin, à seconder les vues généreuses du Gouvernement et des grands propriétaires agriculteurs, qui, s'ils comprennent l'utilité des machines agricoles les plus perfectionnées, ne comprennent pas moins la nécessité d'être entourés d'ouvriers dévoués et intelligents. Ce volume a pour but essentiel de développer chez les jeunes cultivateurs le désir de savoir, de faire de ce désir un besoin, et de le satisfaire.

AGRICULTURE PRATIQUE.

TRAVAUX AGRICOLES.

INSTRUMENTS AGRICOLES.

L'outillage de l'industrie agricole, lorsqu'on le compare à celui des autres industries, se présente à un état d'incontestable infériorité : il n'y a pas lieu de s'en étonner. Le génie des inventeurs s'exerce naturellement sur le perfectionnement des instruments, machines et appareils à l'usage des industries qui peuvent le mieux le rémunérer. L'agriculture a été longtemps celle de toutes les branches du travail humain qui possédait le moins de moyens pour provoquer et récompenser le perfectionnement de son outillage; aussi est-elle restée sous ce rapport la plus mal partagée. C'est de nos jours seulement que la mécanique agricole, sous l'impulsion de quelques amis éclairés du progrès, a commencé la réforme des instruments agricoles, réforme très-lente à s'accomplir. Néanmoins, la voie est ouverte; les instruments réellement bons ou passables, en attendant mieux, ne manquent plus d'une manière absolue à celui qui veut, dans la pratique, appliquer les principes de l'agriculture la plus avancée.

Les instruments agricoles se rangent naturellement dans trois sections distinctes, d'après leur destination, savoir :

1° Instruments aratoires; 2° Machines agricoles; 3° Instruments de transport. Chacune de ces sections, déjà riche d'un nombre considérable d'instruments plus ou moins bien appropriés aux divers besoins de l'agriculture, s'enrichit journellement d'instruments nouveaux qui prennent successivement la place des instruments surannés, quoique la routine et l'ignorance s'attachent à les conserver avec obstination. Il importe au cultivateur de connaître non-seulement les meilleurs instruments, mais aussi les plus défectueux de chaque série, pour être en état d'apprécier les qualités des uns et les défauts des autres.

CLASSIFICATION.

La section des *instruments aratoires* ne doit comprendre, d'après le vrai sens de cette expression, que les instruments servant à labourer le sol cultivable, ou à lui donner les façons qui le mettent en état de porter des récoltes; elle exclut tous ceux qui ne sont pas directement ou indirectement appropriés à cette destination. Les instruments pour le labour à bras, bêches et houes de diverses formes, font partie de cette section, ainsi que les charrues, les herses, les rouleaux, et tout ce qui, dans la grande culture, peut servir à façonner le sol.

La section des *machines agricoles* comprend les semoirs, les faucheuses, faneuses et moissonneuses mécaniques, les machines à battre les grains, et sans exception tous ceux des appareils à l'usage d'une exploitation agricole qui ne servent pas à façonner la terre.

La section des *instruments de transport* commence à la

brouette, et comprend les charrettes, chariots, tombereaux de toutes dimensions, qui peuvent servir à effectuer les transports à l'usage de l'industrie agricole.

INSTRUMENTS ARATOIRES.

Les plus simples des instruments aratoires sont ceux qui servent pour la culture à bras; ils sont plus usités dans le jardinage que dans l'agriculture proprement dite; néanmoins, la petite et la moyenne culture, qui tiennent une si grande place dans les pays de métayage, ne peuvent se passer de la culture à bras; les instruments servant à ce mode de culture sont la partie la plus importante du matériel à leur usage. La culture à bras emploie pour les labours et les défoncements deux instruments de première importance, la *bêche* et la *houe.*

BÊCHE.

La bêche commune, à fer plat, est la plus usitée. On lui donne ordinairement 26 centimètres de hauteur, 20 de large au sommet et 15 seulement dans le bas, qui doit être aciéré et bien tranchant. Les dimensions de la lame, de même que la longueur du manche, peuvent d'ailleurs être modifiées selon la taille et la force de celui qui doit s'en servir. La bêche commune est excellente pour labourer à bras les terres de consistance moyenne, plutôt un peu fortes que trop légères. Pour les terres très-légères, contenant plus de sable que d'argile, il faut adopter de préférence la bêche flamande, à lame étroite, de même largeur en bas qu'en haut, et légèrement courbe dans le sens de sa longueur. Quand on laboure une terre très-légère avec une bêche à fer plat, la motte de terre, manquant de consistance, s'émiette et retombe sans avoir été retournée, ce qui ne donne qu'un labour très-imparfait; si l'on emploie la bêche flamande pour labourer les terres de cette nature, la courbure de la lame retient la motte de terre et laisse à l'ouvrier le temps de la retourner en la déposant dans la *jauge*, ce qui donne pour résultat un labour régulier. C'est avec des bêches de cette forme que les cultivateurs du pays de Waes, en Belgique, défoncent tous les cinq ans la totalité de leurs terres, et leur donnent une fertilité dont il y a peu d'exemples dans le reste de l'Europe.

Du reste, la bêche n'a pas subi de modifications importantes depuis l'antiquité la plus reculée; celles qu'on a trouvées dans les ruines de Pompeï et d'Herculanum, ne diffèrent pas essentiellement des nôtres; les unes sont à fer plat, les autres à lame légèrement courbe, exactement comme la bêche flamande en usage de nos jours; c'est le même instrument venu jusqu'à nous sans changement après dix-huit siècles.

HOUE.

On emploie très-utilement dans la petite culture, la houe à lame carrée adaptée à un manche court, ce qui force l'ouvrier qui s'en sert à travailler courbé, dans une position gênante qu'une longue habitude peut seule rendre supportable. Cet instrument sert principalement à la plantation des pommes de terre et aux façons superficielles dont le sol peut avoir besoin entre deux cultures. La houe à deux dents pointues, ou *bident*, est très-usitée pour façonner les vignes. Le même instrument à deux dents plates, tranchantes par le bout porte le nom de *béchard*, dans les vignobles du Midi de la France. C'est l'emploi prolongé du bident et du béchard qui fait qu'à un certain âge, les vieux vignerons, encore capables de travailler, ne peuvent plus se relever, et restent courbés jusqu'à la fin de leurs jours. Cette infirmité ne les atteindrait pas si, dès qu'ils commencent à la ressentir, ils renonçaient à travailler avec les houes à manche court, et ne travaillaient plus qu'avec la bêche et les autres outils munis d'un long manche, dont on peut se servir sans se courber.

La bêche et la houe sont les charrues de la petite culture; un ouvrier de force ordinaire peut, avec les deux interruptions en usage, l'une de 9 à 10 heures du matin, l'autre de 2 à 3 heures après midi, fournir sans excès de fatigue 8 à 10 heures par jour d'un bon labourage soit à la bêche, soit à la houe, dans un sol qui n'offre pas de résistance extraordinaire.

CHARRUE.

La charrue est, sans contredit, le premier et le plus utile de tous les instruments aratoires. Celui qui parcourt la France, dans le but de prendre un aperçu de l'état de son agriculture, est surpris du très-petit nombre de charrues réellement bonnes qu'il voit fonctionner, et du grand nombre de charrues défectueuses sous tous les rapports, qui labourent, ou pour mieux dire, égratignent des départements entiers, où les charrues perfectionnées sont complétement inconnues même de nom. Il y en a d'une simplicité tout à fait primitive, par exemple, le *fourcas* romain doit différer très-peu de la charrue avec laquelle Adam a labouré pour la première fois au sortir du paradis terrestre. C'est un morceau de fer grossièrement façonné, qui n'a ni coutre, ni versoir, adapté tant bien que mal à une pièce de bois verticale. Sur cette pièce de bois, on ajuste un brancard formé d'un tronc d'arbre naturellement courbe, fendu dans le sens de sa longueur. Les deux parties de l'arbre figurent un brancard dans lequel on attèle un bœuf ou un mulet. On peut avec le fourcas entamer la superficie du sol à la profondeur de 5 à 6 centimètres; on ne peut pas labourer dans le vrai sens du mot: le fourcas est cependant en usage dans plusieurs de nos départements du Midi.

L'*aramon*, charrue importée dans la Gaule par les Phocéens, plus de cinq siècles avant l'ère chrétienne, et l'*arriau* gaulois, en usage dans une partie de nos départements du centre, sont à peu près aussi simples que le *fourcas*. Depuis vingt siècles, il n'a été apporté aucun changement à ces trois instruments, qu'on mentionne ici comme des spécimens des charrues les plus imparfaites, et dont cependant l'usage n'a pas pu jusqu'à présent être déraciné.

PARTIES PRINCIPALES DE LA CHARRUE.

Si de l'examen de ces instruments informes on passe à celui d'une charrue complète, capable d'effectuer un bon labour, le contraste est frappant. La charrue digne de ce nom comprend quatre parties principales : 1° *l'âge;* 2° *le soc;* 3° *le versoir;* 4° *le coutre.*

L'âge, le plus souvent en bois, plus rarement en fer, est le corps de la charrue, la pièce à laquelle sont attachées toutes les autres, et à l'extrémité de laquelle est fixé le point d'attache pour l'attelage. La force de l'âge d'une charrue doit être en rapport avec le genre de labour qu'elle est destinée à exécuter. Ce serait une faute de construire avec un âge trop épais, par conséquent trop lourd, une charrue appropriée seulement à des labours superficiels dans les terres légères; on imposerait aux attelages un surcroît de fatigue, sans aucune utilité. De même, si l'on construisait avec un âge trop faible une charrue destinée à donner des labours profonds dans des terres fortes, cette partie de la charrue se romprait à chaque instant.

L'âge de la charrue, qu'on nomme dans quelques départements *la haie,* n'est pas toujours en ligne droite sur toute sa longueur ; l'âge est quelquefois droit depuis son extrémité postérieure jusqu'à l'attache du coutre, et plus ou moins courbe à partir de ce point. Cette modification de la forme de l'âge est particulièrement utile quand la charrue doit fonctionner dans des terres couvertes de plantes, soit sauvages, soit cultivées, qui doivent être enterrées par le labour; dans ce cas, si l'âge est droit sur toute sa longueur, les plantes s'accumulent à l'angle formé par l'âge et le point d'attache du coutre, et la marche régulière de la charrue se trouve entravée.

2° Le soc, dont la fonction spéciale est d'ouvrir en la soulevant, dans le sens horizontal, la bande de terre à déplacer par le labour, est celle des pièces de la charrue à laquelle toutes les autres sont subordonnées ; elles n'ont en effet d'autre destination que celle de faciliter et de régulariser l'action du soc ; aussi, le bon agencement du soc est-il une des conditions les plus importantes d'une bonne charrue. Pour que le soc fonctionne bien, sa pointe ne doit pas coïncider exactement avec le milieu de l'âge ; elle doit déborder un peu sur la gauche, de sorte qu'un fil à plomb étant suspendu au côté gauche de l'âge, la pointe du soc doit dépasser le plomb d'un ou deux centimètres du même côté. La forme du soc est celle d'un triangle de 25 à 30 centimètres de large sur 35 à 40 de hauteur. La pointe et les bords du soc ont plus ou moins d'épaisseur et de tranchant, selon la qualité du sol dans lequel la charrue doit agir. Dans une terre compacte, argileuse, mais exempte de pierres, le soc doit être bien pointu, avec un tranchant bien affilé; dans un sol pierreux, c'est le contraire, un soc dans ces conditions serait trop promptement hors de service ; il vaut mieux lui donner plus d'épaisseur, une pointe émoussée et des bord moins tranchants. Il y a dans la construction des charrues de divers modèles, des manières différentes d'unir le soc au versoir ; mais, de quelque manière que ces deux pièces soient assemblées, elles doivent l'être assez nettement pour qu'au point de leur réunion, la surface du soc joint au versoir ne soit pas interrompue, et que l'un soit la continuation de l'autre, comme si les deux, une fois mis en place, ne formaient qu'une seule et même pièce.

3° Le versoir, qui porte également le nom d'*oreille*, est une plaque de fer forgé ou de fonte de fer, qui doit représenter une portion de spirale, plus ou moins développée. Dans le travail du labour, le versoir a pour fonction, comme son nom l'indique, de soutenir la bande de terre à mesure qu'elle est entamée et soulevée par le soc, et de la verser dans la raie, sous un angle déterminé. Plus les labours doivent être profonds, plus il faut que le versoir soit large et élevé, pour que la bande de terre ne puisse passer par-dessus, ce qui dérangerait toute l'économie du labour. Les versoirs en fonte sont les plus usités; ils prennent par l'usage un poli égal à celui des versoirs en fer forgé, et il coûtent beaucoup moins cher. Mais ils ne peuvent servir que dans les terres douces et exemptes de pierres; pour peu que le sol soit pierreux, les versoirs de fonte, qui se cassent comme du verre, doivent être si fréquemment renouvelés, qu'il n'y a, malgré leur bas prix, aucune économie à les préférer aux versoirs en fer forgé.

4° Le coutre, aussi nommé *couteau*, est une pièce détachée dont la forme rappelle celle d'une lame de couteau; il doit être épais, bien tranchant et d'une solidité à toute épreuve. La fonction spéciale du coutre est de faciliter l'action du soc, en coupant net, dans le sens vertical, la bande de terre que le soc doit soulever en agissant horizontalement; c'est pourquoi le coutre est toujours placé en avant du soc. Le coutre est fixé à la charrue, soit dans une mortaise pratiquée dans l'épaisseur de l'âge, soit sur le côté droit de l'âge, au moyen d'une vis de pression. Dans tous les cas, il doit être adapté assez solidement à l'âge pour qu'il ne puisse pas se déranger pendant le labour.

Quand la terre dans laquelle doit fonctionner la charrue est douce et exempte de pierres, il n'y a pas d'inconvénient à donner au coutre une position presque verticale; il est cependant préférable de l'incliner un peu en avant, ce qui facilite son action sur les racines qui peuvent se trouver en terre sur son passage. Pour les labours à donner dans un sol pierreux, il est nécessaire que le coutre ait sa pointe très-inclinée en avant; cette position double sa force pour déplacer les obstacles qui peuvent s'opposer à son passage. La largeur à donner au coutre ne peut être fixée d'une manière générale; plus le sol à labourer est résistant, plus il faut donner de largeur au coutre, dont la partie tranchante doit être aciérée, si l'on veut en obtenir un bon service.

La forme particulière du coutre en fait un instrument redoutable entre les mains des malfaiteurs, qui peuvent s'en servir pour soulever les portes et faire sauter les serrures. C'est pourquoi les règlements de police rurale obligent le laboureur qui laisse le soir sa charrue au bout d'un sillon, à détacher le coutre et à l'emporter avec lui, dans la crainte qu'il ne facilite l'exécution des mauvais desseins des malfaiteurs.

PARTIES ACCESSOIRES DE LA CHARRUE.

Les pièces accessoires de la charrue sont le *sep* ou *talon*, qui, pendant le labour, frotte sur le fond de la raie; les *étançons*, qui rattachent à l'âge le soc, le versoir et le talon, et les *mancherons*, à l'arrière de l'âge, sur lesquels le laboureur appuie les mains pour diriger la charrue. Les charrues proprement dites ont, en outre, un *avant-train*, composé de deux roues réunies par un essieu, et qui supporte l'extrémité antérieure de l'âge. Quand la charrue n'a pas d'avant-train, elle porte le nom d'*araire*. Dans la pratique, les araires, aussi complètes et d'une manœuvre aussi facile que les charrues à avant-train, sont préférées par les laboureurs adroits; presque toutes les charrues modernes perfectionnées sont des araires. L'un des points les plus importants dans l'exécution des labours, c'est le maintien de ce qu'on nomme l'*entrure* de la charrue, c'est-à-dire, de la profondeur à laquelle le soc pénètre dans la terre, profondeur qui détermine celle du labour.

Beaucoup de charrues sont, dans ce but, munies d'une pièce particulièrement destinée à cet usage, et qui, pour cette raison, porte le nom de *régulateur*. Tous les régulateurs ne remplissent pas également bien leur office. Les régulateurs ont presque tous le même inconvénient, celui de se déranger trop facilement et d'obliger le laboureur à arrêter sa charrue pour en régulariser l'entrure. Un seul, le régulateur de la colonie agricole de Mettrai, possède l'avantage de fonctionner sans interrompre le travail du laboureur.

Le régulateur est toujours placé à l'extrémité antérieure de l'âge. L'un des plus commodes est celui qui s'adapte à l'araire de Roville ou charrue Dombasle, et qui peut s'adapter de même à toute espèce de charrue. Ce régulateur consiste en une sorte de crémaillère courbe, dont les dents situées à la partie inférieure, servent à retenir les anneaux d'une chaîne fixée par un crochet de fer sous l'âge de la charrue. L'attelage a son point d'attache sur ce crochet; l'entrure du soc est plus ou moins profonde, selon le plus ou moins de hauteur du cran de la crémaillère auquel le laboureur arrête la chaîne du régulateur.

Quelques charrues peuvent se passer de régulateur; ce sont celles qui ont dans leur construction un autre moyen de régler l'entrure du soc. Telle est en particulier la charrue ou araire de Bollemont. Dans cette charrue, les étançons, au lieu d'être fixes, sont mobiles ; ils sont maintenus en place, le premier, par un boulon à charnière, le second, par une vis de pression ; pour donner au soc plus ou moins d'entrure, il suffit d'élever ou d'abaisser le second étançon : l'effet désiré est obtenu sans le secours d'un régulateur.

On peut considérer comme un modèle la charrue de Grignon, l'une des plus parfaites de celles qui fonctionnent en France ; il s'en faut de beaucoup que ce soit la plus employée. Dans une grande partie de nos pays à blé, spécialement dans le Nord et dans Eure-et-Loir, les laboureurs préfèrent deux lourdes charrues à avant-train, le *harnas* du Hainaut et la charrue de Beauce. Cette préférence n'est fondée sur aucun motif rationnel ; elle atteste simplement l'empire de la coutume, elle n'a pas d'autre raison d'être. L'essieu qui traverse les deux roues de l'avant-train est surmonté de la *pellette*, pièce de bois sur laquelle repose la partie antérieure de l'âge. L'attelage a pour point d'attache une pièce de fer nommée *chape*, placée sur le devant de la pellette. L'âge et l'avant-train ne sont pas liés l'un à l'autre d'une manière fixe, ils sont assemblés par un anneau très-large nommé *collier*, qui entoure complétement l'âge et qui est maintenu en place au moyen d'une broche plantée dans l'âge. Cette disposition permet de se passer de régulateur ; l'entrure du soc varie à volonté selon la hauteur à laquelle est fixé le collier sur l'âge de la charrue. Toute cette complication dans l'agencement de la charrue rend les dérangements très-fréquents ; le laboureur a quelque chose à remettre en place, pour ainsi dire, au bout de chaque sillon, ce qui n'a jamais lieu quand on se sert d'une charrue sans avant-train. Enfin, loin de faciliter le travail, l'avant-train ne fait qu'imposer un surcroît de fatigue inutile à l'attelage et au laboureur.

CONDITIONS QUE DOIT RÉUNIR UNE BONNE CHARRUE.

La première qualité d'une bonne charrue, c'est d'exécuter un bon labour en imposant le moins possible de fatigue au laboureur et à son attelage, en d'autres termes, de produire la plus forte somme d'effet utile avec la moindre dépense de force. Atteindre ce but, ou du moins s'en rapprocher de plus en plus, c'est le point de mire de tous les perfectionnements successivement apportés dans la charrue. Un cultivateur nommé Grangé, ayant soumis à l'appréciation des agronomes les plus éclairés la charrue perfectionnée par lui et qui porte son nom, les juges virent, non sans surprise, qu'après avoir bien réglé l'entrure de sa charrue et commencé à ouvrir sa raie, Grangé pouvait se croiser les bras et suivre sa charrue sans toucher aux mancherons; le sillon n'en était ni moins droit, ni moins égal de profondeur sur une longueur de 200 mètres. Il est vrai que Grangé avait un attelage parfaitement exercé, et qu'il connaissait à fond son instrument et son terrain. Le fait en lui-même n'en est pas moins remarquable, et l'on peut dire que s'il en était ainsi de toutes les charrues, l'art du labourage aurait atteint son plus haut degré de perfection.

Une bonne charrue doit couper diviser et ameublir la terre sans la tasser ni la pétrir; la bande coupée par le coutre, détachée par le soc, retournée par le versoir, doit être déposée dans la raie dans une position telle que les parties de la couche arable qui ont porté une récolte et subi les influences atmosphériques se trouvent au fond de la raie, et que celles qui précédemment ont occupé le fond de la raie soient exposées au contact de l'air.

Il faut de plus qu'une bonne charrue soit facile à régler, et que toutes ses parties soient assemblées avec une grande solidité; car l'une des entraves les plus préjudiciables aux travaux de l'agriculture, dont chacun, pour être bien fait, doit être fait en son temps, c'est celle qui résulte des réparations à faire aux charrues, au moment où l'on en a le plus urgent besoin. Dans ces conditions, une bonne charrue, même entre les mains d'un laboureur peu exercé, peut toujours faire un bon labour, tandis qu'avec une charrue défectueuse, un bon laboureur a bien de la peine à faire un labour seulement passable.

CHARRUES FRANÇAISES LES MEILLEURES.

Il n'y a pas en France, non plus que dans les autres pays de l'Europe les mieux cultivés, de charrue qui soit bonne dans un sens absolu, c'est-à-dire qui convienne également bien pour donner un bon labour à toutes les qualités de sol cultivable. Cette réserve posée, on peut affirmer que l'agriculture française possède un assortiment suffisant de bonnes charrues, bonnes relativement à la région agricole à laquelle elles sont appropriées. Celles qui réunissent le plus grand nombre de bonnes qualités et qui sont le plus complétement exemptes de défauts, sont, parmi les charrues françaises: 1° La *charrue de Grignon;*

2° la *charrue Dombasle*, aussi connue sous le nom d'*araire de Roville ;* 3° la *charrue Grangé;* 4° l'*araire de Bollemont ;* 5° et la *charrue Aycard*. On pourrait en multiplier les exemples ; ceux qui précèdent suffisent pour donner une idée exacte des destinations diverses auxquelles peut être appropriée une bonne charrue.

Il faut, en effet, à l'agriculture française des charrues capables de labourer profondément les terres fortes très-résistantes, dont la couche arable est d'une grande épaisseur; il lui faut des charrues de force moyenne, solides sans trop de tirage, pour les terres fortes mais peu épaisses, qui ne peuvent être labourées qu'à une faible profondeur; il lui en faut de légères pour les pays au sol siliceux, qui doivent être labourés avec des attelages relativement peu robustes. Enfin pour pouvoir entamer après de longues sécheresses les *boulbènes* de Provence, et les autres natures de sol dur et pierreux, qui ne sauraient être labourés avec les charrues ordinaires, il lui faut des araires d'une construction spéciale, afin que cette partie si importante de son outillage réponde complétement aux besoins de ses diverses régions agricoles.

La charrue de Grignon est essentiellement propre aux labours profonds, tels qu'ils doivent être donnés aux terres fortes et fertiles des pays de grande culture; la forme du soc et la hauteur du versoir conviennent parfaitement à ce genre de labour. On remarque aussi, au premier aspect, la simplicité de cette charrue, qui, bien établie, peut fonctionner très-longtemps sans se déranger et sans avoir besoin de réparation. Dans les terres fortes et lourdes, la charrue de Grignon doit être attelée de trois chevaux de première force ; dans les terres moins fortes, mais également fertiles, elle fonctionne bien avec un attelage de deux chevaux ou de deux bœufs de force moyenne.

La charrue Dombasle, ou araire de Roville, aussi appréciée à l'étranger qu'en France même, n'a qu'un défaut, qui n'en est pas un pour la région agricole à laquelle elle est destinée ; son versoir manque d'ampleur et de hauteur, de sorte que, si l'on voulait avec une charrue Dombasle donner un labour dépassant la profondeur de 18 à 20 centimètres, une partie de la bande de terre passerait pardessus le bord supérieur du versoir, et retomberait dans la raie; mais pour les labours au-dessous de cette profondeur, il n'y a pas de charrue supérieure à l'araire de Roville. On remarque tout d'abord, dans cette charrue, la position du coutre, très-incliné et fort en-avant du soc, ensuite la bonne disposition du régulateur, dont la chaîne est fixée au crochet placé sous l'âge de la charrue, de sorte que le point d'attache de l'attelage est en réalité sur ce crochet. C'est surtout à cette particularité que la charrue Dombasle doit la qualité précieuse de garder parfaitement son entrure. Quand la surface du sol à labourer est unie et de niveau, la charrue Dombasle ouvre des raies d'une régularité irréprochable, presque sans l'intervention du laboureur. Dans la charrue Dombasle, l'écartement du versoir est maintenu par une petite barre de fer. Il est à remarquer que, contre les prévisions de l'inventeur, qui avait seulement voulu approprier sa charrue à la région agricole dont Roville fait partie, l'usage de la charrue Dombasle ou araire de Roville s'est propagé dans toute la France jusque dans nos départements méridionaux, où l'on s'en sert pour façonner les vignes plantées sur deux rangs séparés par une bande de terre occupée par d'autres cultures. C'est que la charrue Dombasle peut mieux que toute autre faire un bon labour sans exiger un talent exceptionnel chez le laboureur qui la fait fonctionner. Cette propriété seule justifierait la grande réputation acquise à l'araire de Roville en France et à l'étranger. La charrue Dombasle fonctionne très-bien dans toutes les terres qui n'offrent pas une résistance excessive, avec un attelage de deux bœufs ou de deux chevaux.

La charrue Grangé est une sorte d'intermédiaire entre la charrue Dombasle et la charrue de Grignon. On peut, comme de cette dernière, s'en servir pour donner aux terres fortes des labours profonds ; mais la forme de son versoir et la position du coutre la rendent moins avantageuse que la charrue de Grignon pour labourer profondément les terres très-fortes, surtout quand il s'agit de retourner et d'enfouir après qu'ils ont fait leur temps, un trèfle, un sainfoin ou une luzerne. On a déjà signalé le mérite essentiel de la charrue Grangé, celui de bien garder son entrure. Elle fonctionne dans les terres très-résistantes, avec trois chevaux, ou, selon l'expression reçue, avec trois *colliers*, et dans les terres de consistance moyenne avec deux colliers seulement.

L'araire de Bollemont a pour principal avantage, celui de se passer de régulateur ; son soc et son versoir sont à très-peu près ceux de l'araire de Roville ; le coutre est fixé à l'âge de façon à rendre sa pointe très-voisine de celle du soc. Les étançons, au lieu d'être attachés à l'âge d'une manière fixe, sont mobiles. Celui de devant, un peu plus court que l'autre, est maintenu par un boulon à charnière. Celui de derrière, un peu plus élevé, monte et descend à volonté dans une mortaise ; il est fixé à la hauteur voulue par une vis de pression. On comprend que, par cette disposition, la partie postérieure de l'âge peut être abaissée et sa partie antérieure relevée, dans de certaines limites, de sorte que le point d'attache de l'attelage placé à l'extrémité antérieure de l'âge, s'élève ou s'abaisse, ce qui détermine une entrure plus ou moins profonde, en supprimant le régulateur : c'est une simplification qui a déjà eu pour résultat de faire adopter l'araire dans plusieurs départements où les laboureurs repoussaient avec obstination ce genre de charrue, parce qu'ils n'avaient connu que des araires à régulateur, dont ils ne savaient pas se servir. Le tirage de la charrue de Bollemont est le même que celui de la charrue Dombasle ; elle convient, de même, à une très-grande variété de sols cultivables ; elle laboure à la même profondeur.

La charrue Aycard, est d'une construction autre de celle des charrues précédentes, dont elle diffère surtout par le soc, terminé par une pointe aiguë et prolongée. Le soc de la charrue Aycard, laquelle est une araire, est composé de deux pièces, la pointe et l'*aileron*. Ce n'est qu'une modification heureuse de la charrue Dombasle, qui rend cette charrue propre à bien fonctionner dans des terres caillouteuses devenues excessivement dures par l'action des sécheresses prolongées qui règnent habituellement en été dans le département du Var, et dans nos départements les plus méridionaux. La pointe est fixée isolément au sep ; l'aileron est ensuite solidement attaché au versoir ainsi qu'à la pointe, de sorte que ces trois pièces semblent n'en former qu'une seule. Le coutre est placé un peu plus en arrière que dans la charrue Dombasle; le régulateur à chaîne est facile à manœuvrer, et la charrue

Aycard garde bien son entrure, mais elle ne peut pas labourer d'une manière satisfaisante à une profondeur qui dépasse 15 centimètres. La charrue Aycard fonctionne convenablement avec un attelage de deux colliers ; c'est un instrument très-utile pour la région agricole du Midi, en vue de laquelle il a été perfectionné ; partout ailleurs, l'araire de Roville lui est préférable.

CHARRUES ÉTRANGÈRES, LES MEILLEURES.

Ce n'est pas en France que la charrue a reçu le plus anciennement les plus utiles perfectionnements. En Belgique, l'araire connue sous le nom de *charrue de Brabant*, qu'on nomme vulgairement *un brabant* dans tout le nord de la France, est parvenue, depuis des siècles, au point de perfection où elle est aujourd'hui, et tel est l'empire de la coutume, que cette charrue, dont aucun cultivateur éclairé ne peut contester la supériorité, fonctionne à nos portes, dans un pays qui a fait longtemps partie de la France, sans avoir dépossédé les charrues défectueuses encore presque seules en usage sur une grande partie de notre frontière du Nord.

Les deux modèles les plus usités de la charrue de Brabant, sont la charrue de Malines, spécialement propre au labourage des terrains légers, et la charrue de Haine-Saint-Pierre, propre à la culture des terres fortes (*fig.* 1re). On a récemment adapté à cette dernière, qui est la charrue de Brabant aussi parfaite qu'elle peut l'être, le régulateur de la charrue Dombasle, avec sa chaîne et son point d'attache sous l'âge de la charrue, ce qui donne plus de facilité pour en régler l'entrure. Ce qui caractérise les deux modèles de la charrue de Brabant, c'est le grand développement donné au soc qui ne fait qu'un avec le versoir, et qui est fixé au sep d'un côté, à l'âge, de l'autre, par deux tiges de fer remplissant l'office des étançons des autres charrues. Le manche des charrues de Brabant est simple; le laboureur les conduit d'une main : leur équilibre est si parfait, elles maintiennent si facilement leur entrure, que jamais le laboureur qui les dirige n'a besoin d'appuyer sur le manche pour soulever le soc disposé à piquer trop avant dans la terre, ou de le soulever pour combattre la tendance du soc à diminuer son entrure. La charrue de Haine-Saint-Pierre est pourvue en avant du coutre d'une pièce particulière qu'on nomme en Belgique un *avant-soc*, et qui se rattache à l'âge par une tige plate comme celle du coutre, retenue par une vis de pression.

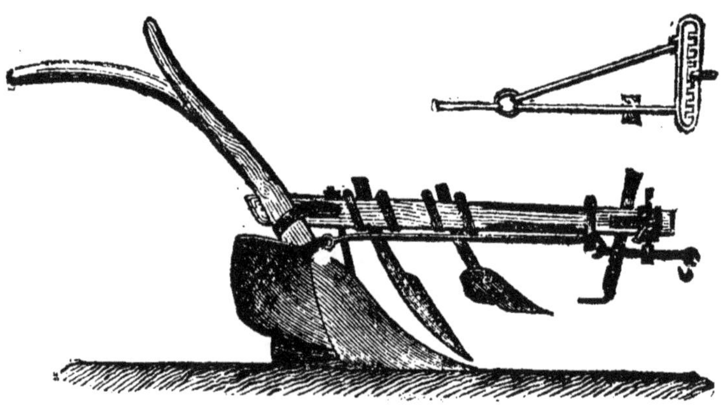

Fig. 1. — Charrue de Brabant.

L'avant-soc des charrues brabançonnes est utile pour donner des labours profonds aux terres couvertes d'une végétation abondante que le labour doit enfouir; il empêche cette végétation de s'amasser entre le coutre et le soc et d'entraver la marche de la charrue.

Un fait remarquable dans l'histoire de la charrue de Brabant, c'est que c'est avec cette charrue, importée par les premiers émigrés hollandais qui ont commencé la colonisation des États-Unis, que les terres de cette partie du nouveau monde ont été défrichées. Elle est revenue en Europe sous le nom de *charrue américaine* : c'est tout simplement la charrue de Brabant renforcée dans toutes ses parties, comme elle devait l'être pour labourer une terre encombrée de racines. Le laboureur qui n'a jamais vu de charrue américaine, n'a qu'à se procurer une charrue de Brabant, en faire construire une toute semblable dans son agencement et la disposition de ses pièces, en donnant seulement un peu plus de force à l'âge, d'épaisseur au coutre et au soc, et d'ampleur au versoir : il aura une charrue américaine.

Parmi les charrues anglaises, très-bien appropriées aux terres de la Grande-Bretagne, on cite de préférence celle de Howard et celle de Small, dite charrue écossaise. Ces deux charrues sont comme presque toutes les charrues en usage dans la Grande-Bretagne, construites entièrement en fer; elles ne sont pas pour cela beaucoup plus pesantes que les charrues dont l'âge, les étançons et le sep sont de bois dur; ces pièces sont plus minces en raison de la plus grande résistance du fer comparée à celle du bois; le tirage de la charrue en est à peine augmenté, et les charrues construites tout en fer ont une durée indéfinie, sans exiger de réparations A mesure que le prix du fer devient moins élevé, on adopte peu à peu, en France comme en Angleterre, la substitution du fer au bois dans la construction des instruments aratoires; cette substitution ne peut être que très-avantageuse à la pratique de l'agriculture.

La charrue Howard, grâce au prolongement de son versoir étroit par rapport à sa longueur, laboure très-bien les terres fortes et fertiles, mais peu profondes. La charrue de Small, en donnant un peu plus de largeur au versoir, peut labourer jusqu'à 25 centimètres de profondeur, avec un attelage de deux chevaux de moyenne force.

CHARRUES A SOUS-SOL OU DÉFONCEUSES.

Il est souvent nécessaire, dans la pratique de la grande culture, de défoncer, les terres dont le sous-sol est de mauvaise qualité; il importe, dans ce cas, de ne pas mêler la terre du sous-sol avec celle de la couche superficielle, et de l'ameublir sans la ramener vers la surface. On se sert à cet effet de charrues d'une forme spéciale, dépourvues de versoir, qui portent les noms de *charrues à sous-sol, charrues fouilleuses* et *défonceuses*. On en possède un assez grand nombre dont les deux meilleures, parmi les défonceuses françaises, sont celle de M. Bouthier de Latour et celle de M. Clamagéran.

La défonceuse de M. Bouthier de Latour est une des meilleures, et à coup sûr des moins chères et des plus faciles à manœuvrer. Elle consiste en un soc en fer de lance, adapté au bout d'un pied en bois garni de tôle, afin qu'il ne s'use pas trop promptement. Cette pièce est fixée au moyen d'une mortaise dans l'épaisseur de l'âge. Une solide barre de fer allant en biais, de l'âge au pied de la défonceuse, empêche le soc de se déranger quand l'instrument fonctionne. La défonceuse est munie à l'arrière de deux mancherons pour la diriger et à l'avant, d'un régulateur à chaîne, du système Dombasle, pour en régler l'entrure. Lorsqu'une forte charrue labourant à 20 centimètres de profondeur, est suivie dans la même raie, par la défonceuse de M. Bouthier de Latour, qui remue le sous sol à 15 centimètres, on obtient aux moindres frais possibles, avec les deux instruments combinés, un excellent défoncement de 35 centimètres, exécuté dans les meilleures conditions, sans mélange de la terre du sous-sol avec celle de la surface. La défonceuse de M. Bouthier de Latour a fait ses preuves sur les terres de la ferme école de Montceau, dirigée par cet habile agronome; elle a obtenu une médaille au concours régional de Mâcon, en 1858.

La fouilleuse, ou charrue sous-sol de M. Clamageran, est beaucoup plus forte que la précédente; elle est construite en fer forgé, et terminée à sa partie antérieure par un timon auquel on attelle une paire de bœufs; on peut également, avec une légère modification adapter à l'avant de l'instrument un palonnier, et y atteler des chevaux. L'arrière est pourvu d'un manche unique, suffisant pour la diriger. La défonceuse Clamagéran n'a pas de régulateur; l'entrure est réglée en élevant ou en abaissant le soc, au moyen d'une vis de pression. Un coutre puissant, vissé à ses deux extrémités, précède le soc et facilite son action. Une forte charrue prenant une bande de 20 centimètres sur autant de profondeur, précède la défonceuse Clamagéran qui agit sur une largeur égale à 35 centimètres de profondeur; on obtient ainsi un défoncement à

55 centimètres; la grande solidité de cet instrument permet de le faire agir dans le sous sol argileux de la plus grande ténacité.

Parmi les défonceuses étrangères, celle de Read, dite *défonceuse anglaise à train*, est une de celles dont l'usage est le plus commode. Les quatre roues sur lesquelles repose l'âge de cette charrue défonceuse permettent de régler à volonté l'entrure du soc, dont la tige est fixée à la hauteur voulue par une vis de pression; elle a, en outre, un régulateur à chaîne à l'extrémité antérieure de l'âge. La défonceuse de Read ameublit le sous-sol à 20 ou 25 centimètres de profondeur, avec un seul cheval d'attelage.

On fait observer, que, depuis que l'utilité du défoncement périodique est généralement reconnue, et que cette opération est de plus en plus admise dans la pratique, beaucoup de cultivateurs, pour s'épargner la dépense de l'achat d'une défonceuse, exécutent tout simplement leurs défoncements avec une charrue quelconque, dont ils enlèvent le versoir. Ils obtiennent ainsi un ameublissement tel quel du sous-sol; mais jamais ils n'arrivent à un résultat comparable à celui du travail d'une défonceuse bien construite, appropriée à cette destination spéciale.

CHARRUES POLYSSOCS.

On ne mentionne que pour mémoire les charrues dites *bissocs* et *polyssocs*, appareils armés de deux ou plusieurs socs accompagnés chacun de son versoir. On a cru longtemps que ces instruments ouvrant deux ou plusieurs raies à la fois, expédieraient plus rapidement que la charrue à un seul soc l'importante besogne du labourage; on a vu figurer aux grandes expositions agricoles, en France, en Belgique et en Angleterre, des charrues bissocs et Polyssocs; mais leûr faveur n'a pas duré. On a reconnu dans la pratique l'infériorité réelle de tous les appareils de ce genre : ou bien ils sont trop faibles et se détraquent à chaque instant pendant le travail; ou bien ils sont suffisamment solides, mais alors ils sont si lourds, ils imposent aux attelages une telle fatigue, que leur emploi donne en dernière analyse, plus de perte que de profit; aussi l'agriculture les a-t-elle à peu près complétement abandonnés.

BUTTOIRS.

Les buttoirs sont de véritables charrues, construites d'après les mêmes principes que toutes les autres; ils en diffèrent seulement en un point : au lieu d'avoir un seul versoir, ils en ont deux, au milieu desquels le soc est placé. Il résulte de cette disposition qu'au lieu de verser la terre d'un seul côté, le buttoir la verse des deux côtés à la fois. Ainsi, un champ labouré avec le buttoir est sillonné, non pas de raies, mais de *billons* ou *ados*, formés par le passage de la charrue en allant ou en venant. (Voyez *Labours*.) Les buttoirs, dont les dimensions peuvent varier selon les usages auxquels on les destine, sont surtout usités pour butter avec promptitude et économie les pommes de terre, les betteraves et le maïs cultivés en lignes entre lesquelles le buttoir fonctionne vite et bien. Le buttoir est muni d'un régulateur à chaîne. En réglant l'entrure du soc, on peut à volonté butter les plantes en lignes à l'aide de cet excellent instrument, en amoncelant à leur pied depuis 10 jusqu'à 50 centimètres de terre ameublie. Les effets utiles d'un bon buttoir sont égaux ou supérieurs à ceux d'un buttage à la main; le buttoir fait cette besogne deux fois plus vite, et deux fois moins cher. Cet instrument, selon ses dimensions, fonctionne avec un attelage d'un ou de deux chevaux.

EXTIRPATEUR.

Les extirpateurs s'éloignent des charrues pour se rapprocher des herses dont ils ont la forme. Un extirpateur est un bâtis de herse, auquel sont adaptés des socs, en nombre variable, et qui a pour fonction d'arracher et de couper entre deux terres les plantes sauvages dont le sol peut être infesté. On s'en sert aussi, et avec grand avantage, pour *ouvrir* les terres anciennement labourées, et qui pour les nécessités de la culture n'ont pas besoin d'un labour profond. Dans le Midi, les cultivateurs dont les terres souffrent cruellement de la sécheresse, leur donnent de fréquentes façons superficielles qui les empêchent de se prendre en masse et de se durcir; ils emploient pour ce travail un extirpateur armé de trois socs seulement, connu dans le Var sous le nom de *griffon*, qui fonctionne avec un seul cheval ou un seul mulet, et qui rend les plus grands services, en maintenant le sol en état de recevoir en temps opportun les labours profonds et les semailles d'automne.

L'un des extirpateurs les plus usités est l'extirpateur Dombasle. Cet instrument est armé de cinq socs aux bords très-tranchants. Il convient également bien pour extirper la mauvaise herbe vivace, et pour *déchaumer* aussitôt après l'enlèvement des récoltes. Sa largeur lui permet de prendre en un seul trait l'équivalent de trois raies de charrue, de sorte que toute la surface d'un champ peut recevoir une façon à l'extirpateur, en trois fois moins de temps qu'il n'en faut pour lui donner un labour superficiel à la charrue.

Dans la plupart des extirpateurs de grandes dimensions, les socs sont mobiles, comme les dents d'une herse; on en ôte ou l'on en ajoute, selon le genre de façon que la terre doit recevoir.

L'extirpateur anglais, monté sur quatre roues, est construit entièrement en fer. Pour agir dans les terres fortes, il lui faut un attelage de trois chevaux de première force. En France on fait peu d'usage de cet instrument qui coûte fort cher et ne fonctionne convenablement qu'en imposant aux attelages de très-rudes fatigues.

LE SCARIFICATEUR.

Le scarificateur n'est pas du nombre des instruments aratoires indispensables dans toutes les exploitations rurales. Il est principalement destiné à *scarifier* le sol, c'est-à-dire à y pratiquer des coupures verticales, à l'aide de coutres plus ou moins nombreux dont la force varie selon la résistance à vaincre. Ce genre de travail n'est réellement nécessaire que dans les terres à défricher, soit que ces terres soient couvertes de bruyères et d'ajoncs, soit qu'il s'agisse de convertir des terrains boisés en prairies ou en terres arables. Le scarificateur, dans ces deux circonstances, prépare très-bien la terre à recevoir les labours profonds donnés avec une puissante charrue ; il coupe toutes les racines qui pourraient s'opposer sous terre au passage du soc de la charrue. Dans toute autre circonstance, le travail de l'extirpateur est préférable à celui du scarificateur. Selon les difficultés à vaincre, le scarificateur doit être attelé de deux ou de trois chevaux de première force.

HOUE A CHEVAL.

L'usage de la houe à cheval est encore peu répandu en France ; il se répand à mesure que se propagent les cultures sarclées en lignes. Ces cultures ont besoin, pour donner des résultats avantageux, de recevoir plusieurs sarclages et binages qui, lorsqu'on les fait donner à la main, coûtent fort cher. Il arrive aussi trop souvent qu'on ne peut pas, pour cette besogne, disposer à un moment donné du nombre de bras dont on a besoin : de là l'usage des houes à cheval. La plus simple est la houe d'Omalins, instrument belge d'une extrême simplicité. Cette houe, dont l'âge, à sa partie antérieure, est supporté par une petite roulette, est armée de trois socs. Celui du milieu est tranchant des deux côtés, et semblable à ceux de l'extirpateur ; les deux autres ne sont tranchants que sur leur bord intérieur ; on peut à volonté les écarter ou les rapprocher, en proportion de la largeur des lignes entre lesquelles l'instrument doit fonctionner, à l'aide d'un seul cheval.

Un autre modèle de houe à cheval, très-employé en Belgique et dans le nord de la France, est composé d'un âge et de deux ailerons. Les ailerons sont à charnière, et peuvent, par conséquent, être écartés ou rapprochés à volonté. L'âge porte un soc plat, triangulaire à sa partie antérieure; chacun des ailerons porte deux couteaux qui agissent dans le sens horizontal ; aucune racine de mauvaise herbe ne peut échapper à leur action.

La houe à cheval de Dombasle est construite d'après le même principe ; elle en diffère en ce que l'avant est supporté par une roulette, et que les ailerons sont réunis par deux bandes de fer transversales, ce qui leur donne plus de fixité, et rend l'action de la houe à cheval plus régulière.

On emploie beaucoup en Belgique, sous le nom de *houe multiple*, un instrument du même genre, mais plus compliqué, dont la coupe verticale est représentée dans la figure 2. On a figuré à côté, pour plus de clarté, la coupe du soc vu du côté droit (2); le plan du soc du milieu (3); la coupe de l'une des dents (4); le plan du soc latéral (5); la coupe du soc vu du côté gauche (6). L'âge est accompagné de deux ailerons mobiles à charnière; les dents du râteau mobile peuvent être déplacées à volonté; l'instrument est armé de quatre couteaux, deux grands et deux plus petits, d'un couteau triangulaire, de cinq dents et d'un soc à double versoir. Les deux roues sur lesquelles porte la houe multiple réduisent sensiblement la dépense de forces nécessaire pour la faire fonctionner. Selon la nature du sol et les difficultés qu'il peut présenter, la houe multiple, qui remplit en même temps les fonctions d'extirpateur, peut sarcler, biner et débarrasser complétement de toute mauvaise herbe, dans une journée de travail, depuis un hectare jusqu'à deux hectares et demi.

L'instrument fonctionne avec un seul cheval ; outre l'ouvrier qui tient les mancherons, il faut, pour conduire le cheval, le service d'une femme ou d'un jeune garçon.

L'agriculture dispose d'un bon assortiment de houes à cheval; les modèles qui précèdent donnent une idée exacte

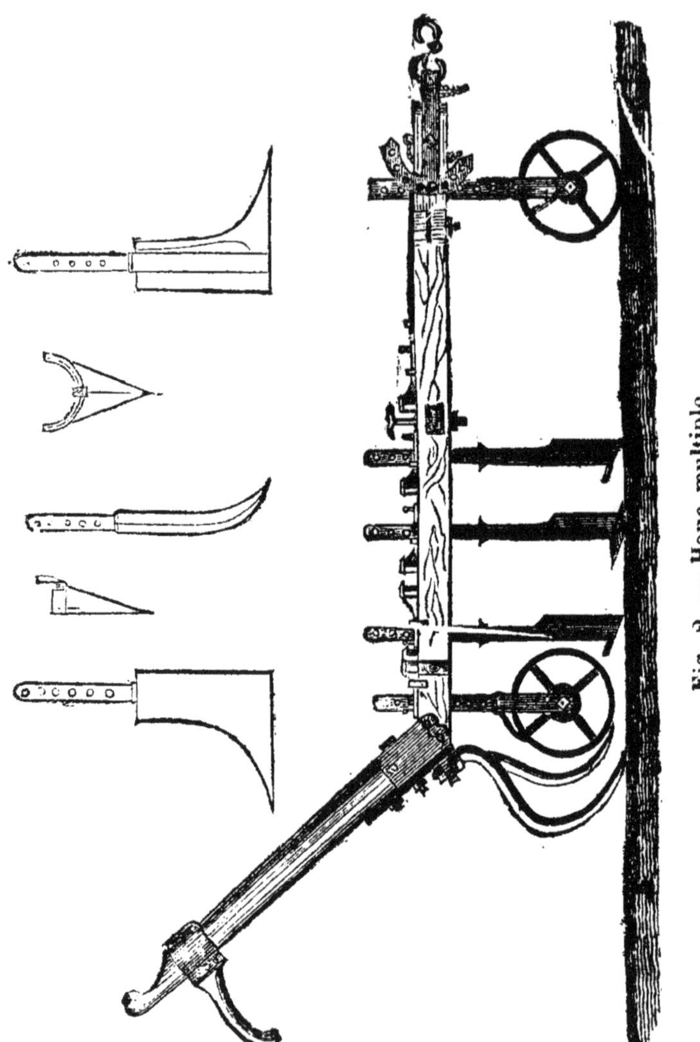

Fig. 2. — Houe multiple.

des plus simples et des plus compliqués de ces instruments

d'une nécessité absolue pour la pratique d'une agriculture avancée et progressive.

HERSES.

Les instruments décrits ci-dessus devraient, à la rigueur, être seuls compris sous le nom général d'instruments aratoires, étant les seuls qui servent à façonner le sol, dans le vrai sens de cette expression. On comprend néanmoins dans la même série les herses et les rouleaux, dont le travail est le complément obligé de celui des vrais instruments aratoires.

La herse, d'une utilité indispensable pour pulvériser la surface du sol labouré, et pour enterrer les semailles, doit être construite d'après des principes constants, pour bien remplir sa destination. C'est toujours un châssis en bois, de forme triangulaire, carrée, ou en trapèze, avec plusieurs bandes transversales armées de dents, soit de bois dur, soit de fer. La bonne disposition des dents de la herse est le point essentiel pour qu'elle puisse bien fonctionner. Les dents doivent être assez espacées entre elles pour que leurs intervalles ne s'encombrent pas facilement de terre pendant les hersages; chaque dent doit tracer une petite raie, et celle d'une dent ne doit pas pouvoir se confondre avec la raie d'une autre dent; les raies tracées par les dents de la herse doivent être espacées à des distances parfaitement égales. Toute herse qui ne satisfait pas à ces trois conditions est défectueuse et fonctionne mal. Les herses triangulaires à dents de bois sont toujours les moins parfaites; elles sont préférées dans la plupart des exploitations, parce qu'elles coûtent moins cher que les herses quadrangulaires à dents de fer ; mais l'économie qu'on croit réaliser est illusoire ; l'entretien des herses à dents de bois et le renouvellement des dents, qui s'usent très-vite, ont bientôt coûté tout autant qu'une bonne herse à dents de fer, qui n'exige pas de frais d'entretien, et dont la durée est indéfinie.

Depuis quelques années, dans les exploitations les mieux tenues, on a adopté l'usage des herses accouplées, de forme quadrangulaire très-allongée, et armées de dents de fer. On réunit deux ou même trois de ces herses, ce qui rend leur action très-régulière, spécialement sur les terres labourées en planches plus ou moins bombées, où les autres herses ne fonctionnent qu'imparfaitement. En effet, à moins qu'elle n'agisse sur un terrain parfaitement plat, une herse très-large ne porte que d'un côté; une partie de ses dents est soulevée et ne touche pas la terre : il y a donc perte de temps et dépense de force inutile. Les herses accouplées, qu'on nomme aussi herses brisées, suivent au contraire facilement les ondulations du sol labouré en planches, même quand celles-ci sont très-étroites et très-bombées ; elles fonctionnent ainsi beaucoup plus régulièrement.

Pour les terres assainies par le drainage, et où, par suite de cette amélioration, les rigoles ouvertes d'égouttement ont pu être supprimées, ainsi que la division en planches bombées, remplacée par le labour à plat, la meilleure herse à employer pour agir sur de grandes surfaces est la herse Valcourt, dite herse à lozanges.

Cette herse offre l'avantage de modifier son action selon la nature du sol sur lequel on la fait fonctionner. La chaîne d'attelage est lâche ; le palonnier s'attache non pas au milieu, mais plus ou moins de côté ; les dents sont de fer, courbes. Quand on veut rendre le hersage moins énergique, on attelle la herse Valcourt en sens opposé. La courbure des dents se trouvant ainsi dirigée en arrière au lieu de l'être en avant, les dents pénètrent moins avant dans le sol, et le hersage est plus superficiel.

ROULEAUX.

Les rouleaux à l'usage de l'agriculture sont simples ou articulés. Le rouleau simple est le plus usité ; c'est un cylindre de bois plein, encadré dans un châssis, et tournant librement sur un axe en fer. La longueur et le diamètre du cylindre peuvent varier selon la nature du terrain

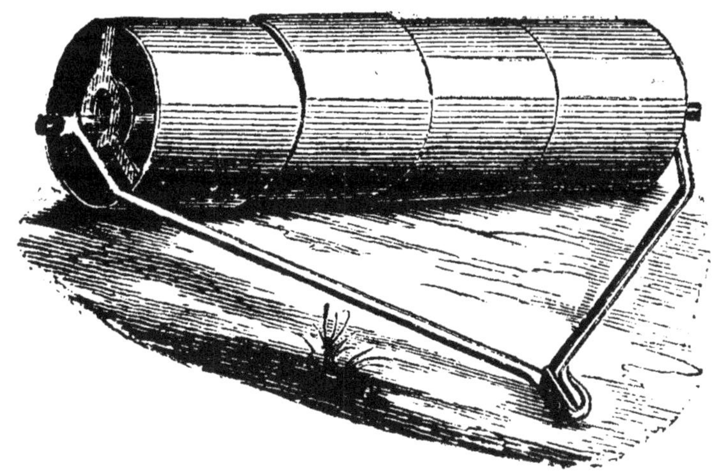

Fig. 3. — Rouleau articulé.

sur lequel il doit fonctionner. En général, les rouleaux courts en proportion de leur diamètre produisent plus d'effet utile que les rouleaux minces et très-longs. On substitue aux rouleaux de bois des rouleaux en fonte de fer creux, qu'on remplit à volonté de pierres pour les rendre plus pesants, ou des rouleaux de pierre dure, pour comprimer fortement les terrains trop légers.

Les rouleaux articulés sont composés de plusieurs rouleaux courts, assemblés l'un au bout de l'autre, de façon à suivre les plis d'un terrain qui n'est pas exactement uni et nivelé. La figure 3 représente un de ces rouleaux composé de quatre pièces réunies. L'un des principaux avantages du rouleau articulé sur le rouleau d'une seule pièce c'est celui de tourner à chaque bout du champ, sans peser inégalement sur le sol, et sans former un amas de terre qui dérange la symétrie de la surface, inconvénient qui se produit inévitablement avec les rouleaux simples, surtout quand ils sont trop longs.

Quand les terres argileuses très-compactes ont été labourées alors qu'elles étaient trop humides, il arrive assez souvent que le résultat du labour est un champ hérissé de grosses mottes dures, qui résistent à l'action de la herse, et sur lesquelles le rouleau simple ou articulé est presque sans effet. On a recours dans ce cas au rouleau-squelette (*fig.* 4); ce rouleau est composé de disques tranchants, en fonte de fer, assemblés sur un arbre également de fonte. L'instrument est encadré dans un châssis de bois muni d'un brancard, pour atteler le cheval qui doit le faire fonctionner. La coupe jointe à la figure 4 montre la manière dont les disques du rouleau-squelette sont fixés sur l'arbre. Les mottes les plus dures ne résistent pas à l'action de ce puissant rouleau.

On rappelle, parce qu'il a été vanté outre mesure, le rouleau à disques hérissés de dents, connu sous le nom de rouleau Croskill. Cet instrument très-cher, si lourd qu'il faut trois chevaux de première force pour le faire fonctionner, n'est utile que dans les terrains d'une dureté exceptionnelle, dont les mottes ne peuvent être suffisamment brisées par le rouleau-squelette. Il est bon de faire obser-

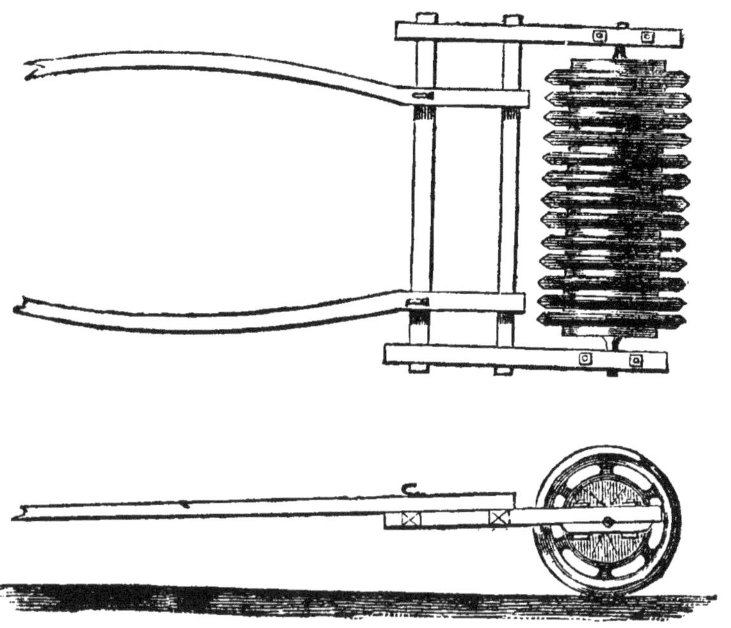

Fig. 4. — Rouleau squelette.

ver que ces terrains eux-mêmes ne durcissent outre mesure et n'ont besoin d'être ameublis par le rouleau-squelette que quand ils ont été imprudemment labourés alors qu'ils étaient pénétrés d'un excès d'humidité : le laboureur attentif n'est jamais exposé, même quand il cultive les terres les plus compactes, à avoir besoin de recourir au rouleau Croskill, aussi connu sous le nom très-impropre de *herse de Norwége*, bien qu'il n'ait rien de commun avec une véritable herse. Ce rouleau n'est presque point utile dans l'agriculture française.

CHARRUES A VAPEUR.

Il n'y a pas à proprement parler de charrues à vapeur ; chaque fois qu'on a tenté d'appliquer la vapeur au labourage on s'est servi d'une ou de plusieurs charrues ordinaires, traînées en guise d'attelage par une chaîne sans fin, mise en jeu par une machine à vapeur, et roulant sur un arbre fixé à l'une des extrémités du champ à labourer. Le monde agricole s'est beaucoup occupé, il y a quelques années, des expériences d'un agronome anglais, M. Halkett, qui, ayant couvert de rails tous les champs de son exploitation, les faisait parcourir par un immense appareil, de son invention, mû par deux machines à vapeur, et prétendait faire exécuter par cet appareil toutes les opérations de l'agriculture, sans exception. Pour les labours, il faisait agir à la fois 12 charrues et prenait d'un trait environ *trois mètres* de largeur; son appareil était organisé pour faire successivement, après les labours, les semailles, les sarclages et binages, les arrosages d'eau pure ou d'engrais liquides, la moisson, l'enlèvement des produits et le transport des fumiers sur le terrain pour les récoltes suivantes. C'était un beau programme, qui avait reçu un commencement de réalisation, et qui, comme beaucoup d'autres du même genre, n'a pas tenu ce qu'il promettait. Chaque année, de nouveaux essais se produisent, et il se trouve toujours des gens qui, malgré les frais énormes qu'exigent de pareilles tentatives, ne craignent pas de les renouveler. Peut-être le labourage à la vapeur doit-il l'emporter un jour; jusqu'à présent, son tour n'est pas venu.

MACHINES AGRICOLES.

La série des machines agricoles s'augmente de jour en jour d'appareils nouveaux ou perfectionnés, introduits à mesure que les progrès de l'agriculture en font sentir le besoin. Dans l'état actuel de l'industrie agricole, cette série comprend : 1° les *semoirs*; 2° les *machines servant à la fois à faucher et à moissonner*; 3° les *machines à battre les grains*; 4° les *faneuses mécaniques*; 5° les *râteaux à cheval*; 6° les *tarares à nettoyer les grains*; 7° les *trieurs mécaniques pour épurer les grains destinés aux semailles*; 8° les *hache-paille*; 9° les *coupe-racines*; 10° les *concasseurs de grains*; 11° les *appareils pour la cuisson des aliments des bestiaux*.

SEMOIRS.

Le préjugé contre l'emploi des semoirs est encore universel en France; tout le monde vous dira dans nos pays de grande culture des céréales qu'en fait de semoir, rien ne vaut la main exercée d'un bon semeur. Ce préjugé est fondé principalement sur l'importance que prend naturellement celui qui a la réputation d'un bon semeur; il est l'ennemi naturel d'une machine qui fait sa besogne mieux que lui. Il ne faut pourtant que jeter les yeux sur deux pièces de terre ensemencées l'une à la volée, l'autre au semoir, pour se convaincre de la supériorité des semailles au semoir. Le plus habile semeur ne peut prétendre qu'il a distribué le même nombre de grains de semence sur chaque mètre carré de terrain ensemencé par lui à la volée ; le semoir bien réglé ne peut pas en répandre un seul grain de plus sur un point que sur un autre. Le grain semé à la volée ne peut être recouvert que par l'action de la herse ; une partie des grains est trop enterrée, une autre ne l'est pas assez ; le grain lève inégalement, les plantes dans les meilleures conditions l'emportent bientôt sur leurs voisines et les étouffent. Le grain semé au semoir est déposé en terre partout à la même profondeur, à des distances partout égales ; chaque grain qui lève est dans les meilleures conditions pour donner une plante vigoureuse, qui ne gêne pas ses voisines, et que ses voisines ne gênent pas. Dans un champ de céréales ensemencé à la volée, les sarclages offrent de telles difficultés d'exécution que le plus souvent on n'en donne aucun, quand même la mauvaise herbe devrait étouffer une partie de la récolte ; dans un champ de céréales ensemencé en lignes au semoir, les binages et sarclages sont rendus également faciles à donner, soit à la main, soit avec la houe à cheval.

Les céréales semées en lignes au semoir sont moins sujettes à verser, parce que leur paille est plus forte ; elles donnent un rendement en grains plus élevé, et leur grain est de qualité supérieure. En présence de tous ces avantages, que personne ne peut sérieusement contester, on se demande pourquoi toutes les céréales ne sont pas semées au semoir ? La France y gagnerait un accroissement de production en céréales qui la dispenserait de recourir jamais à l'importation des grains étrangers. Mais, outre les préjugés et l'empire absolu de la coutume, les semoirs ont contre eux leur prix, généralement très-élevé, et la complication de leur construction.

Beaucoup de fermiers éclairés, qui ne reculeraient pas devant la première de ces deux considérations, reculent devant la seconde. Si le semoir vient à se détraquer au moment du besoin, ce n'est pas le maréchal du village voisin qui pourra le réparer; il faudra l'envoyer au loin pour le remettre en état de fonctionner, et quand il reviendra à la ferme, le moment favorable pour les semailles, moment fugitif, qu'il importe de ne pas laisser échapper, sera passé. Telle est la véritable cause de la lenteur des progrès du semoir mécanique, lequel cependant, le temps aidant, fera son chemin, et reléguera les semailles à la volée au rang des souvenirs; le moment où cette révolution agricole s'accomplira est encore éloigné.

Les semoirs, quelle que soit leur construction, ne fonctionnent bien que sur un sol parfaitement uni, parfaitement ameubli par le travail successif de la charrue, de la herse et du rouleau, et labouré à plat, sans être coupé de rigoles d'égouttement séparant des planches plus ou moins bombées; c'est particulièrement sur les terres préalablement assainies par le drainage que les semailles en lignes à l'aide du semoir sont faciles et avantageuses.

SEMOIR A LA VOLÉE.

En attendant que les progrès de l'agriculture rendent possible l'emploi général des semoirs à cheval, on a introduit comme transition divers semoirs moins chers et moins compliqués, qui sont assez légers pour qu'un ouvrier, sans excès de fatigue, puisse les faire fonctionner facilement. Le plus simple de tous est le semoir à la volée, qui consiste en une boîte longue de 3 à 5 mètres, divisée en compartiments renfermant le grain de semence.

Cette boîte est portée sur un brancard de brouette, auquel est adapté le mécanisme très-simple qui fait fonctionner l'instrument. A mesure que l'ouvrier avance en poussant le semoir devant lui, chaque tour de roue fait agir un cylindre garni de petites brosses qui traverse tous les compartiments de la boîte. Ces brosses forcent le grain à sortir par une ouverture ménagée dans chaque compartiment; le grain est répandu en lignes, à des distances égales de 15 à 20 centimètres; on le recouvre ensuite pas un hersage. Ce semoir ne fonctionne bien que le soir ou le matin, par un temps très-calme; autrement, le grain, tombant d'une hauteur de 60 centimètres, est dispersé par le vent, et les semailles manquent de régularité. Le défaut principal du semoir à la volée, c'est le peu de capacité des compartiments de la boîte, ce qui oblige l'ouvrier à s'arrêter souvent pour les faire remplir : aussi est-il peu usité pour les semailles de céréales; mais il est très-avantageux pour semer régulièrement à la volée les graines très-fines, spécialement celles de trèfle et de luzerne; c'est là sa principale destination.

SEMOIR-BROUETTE.

Le plus perfectionné des semoirs-brouettes introduits jusqu'à présent dans la pratique agricole est le semoir Pruneau. Ce semoir, par un mécanisme intérieur analogue à celui d'un mouvement d'horlogerie, renfermé dans la boîte dont un compartiment séparé contient les grains de semence, fait passer ce grain par trois tubes, dont chacun se termine par un petit râteau, de sorte que le grain, à mesure que l'ouvrier pousse l'instrument devant lui, se trouve déposé et recouvert en trois lignes parallèles. L'économie sur le grain des semailles exécutées avec le semoir Pruneau, est d'environ moitié de la quantité habituellement employée pour les semailles à la volée ; de sorte que, par cette économie seule, le prix d'achat du semoir Pruneau, très-bien approprié à la petite et à la moyenne culture, est très-promptement remboursé. On sème avec ce semoir les céréales, et de plus la graine de carottes ainsi que toutes les autres graines fines. Le semoir-brouette le plus usité, parce qu'il est simple et très-peu coûteux, est celui que représente la figure 5; c'est un instrument des plus précieux pour la petite et la moyenne culture.

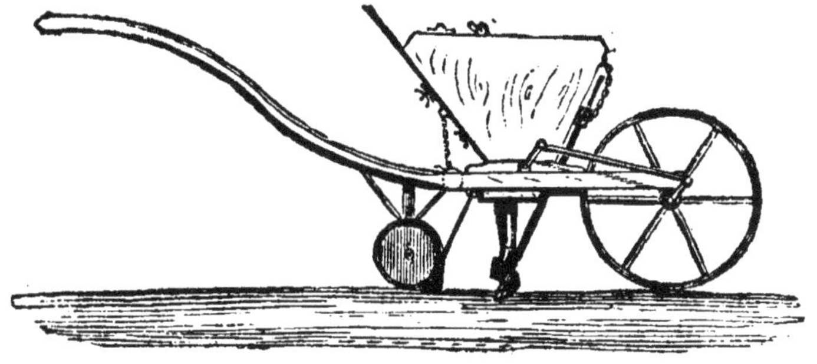

Fig. 5. — Semoir-brouette.

Le semoir de M. d'Abadie, sans être un semoir-brouette, puisqu'il repose sur deux roues, est cependant un semoir à bras qui fonctionne sans le secours d'un attelage.

Il est construit pour semer à la fois cinq lignes espacées entre elles de 15 à 20 centimètres. Il a l'inconvénient grave d'exiger l'emploi préalable du *rayonneur*, qui trace les raies à la distance et à la profondeur voulues ; le semoir dépose le grain dans ces raies, il faut ensuite donner un trait de herse en travers pour le recouvrir. Un système de roues d'engrenage que mettent en mouvement les roues de l'instrument qu'un ouvrier pousse devant lui fait agir un mécanisme qui chasse le grain dans les tubes ; les semailles se font ainsi avec une grande régularité, moins bien cependant qu'avec les semoirs à cheval.

SEMOIRS A CHEVAL.

L'un des plus simples et des plus ingénieux parmi les semoirs à cheval usités en France est celui de M. d'Huicque, de Surville (Seine-et-Oise). Ce semoir se compose des casiers renfermant le grain, d'un système de distribution mis en mouvement par la rotation des roues, et de six tubes espacés entre eux de 22 centimètres, par lesquels le grain descend jusqu'à terre. Chaque tube se termine par un soc qui trace une petite raie dans laquelle le grain est déposé. Le semoir d'Huicque fonctionne avec un seul cheval, qui doit marcher au pas, et avoir l'allure la plus régulière possible. Le prix de l'instrument est peu élevé, et, grâce à la simplicité de sa construction, il peut fonctionner longtemps sans avoir besoin de réparation.

Le semoir Garrett, est plus compliqué que celui de M. d'Huicque ; il repose sur le même système, c'est-à-dire que, par un mécanisme intérieur que met en jeu le mouvement de rotation des roues de l'instrument en activité, le grain renfermé dans une capacité séparée descend jusqu'à terre par des tubes qui le déposent dans des raies tracées par l'instrument lui-même, et où le grain est enterré à la profondeur voulue. Le semoir Garrett sème sept lignes à la fois; il est construit pour fonctionner aussi régulièrement sur les terrains en pente que sur les terrains en plaine. Son prix est très-élevé, et la complication de son mécanisme le rend difficile à réparer quand une de ses pièces se trouve hors de service. C'est, du reste, le semoir à cheval le plus estimé et le plus employé dans toute la Grande-Bretagne; il effectue les semailles de toute espèce de grains avec une régularité parfaite et une précision mathématique. Il fonctionne avec un attelage de deux chevaux (*fig*. 6).

Fig. 6. — Semoir à cheval.

Le semoir Smith est anglais, comme le précédent; c'est celui de tous les semoirs à cheval qui a obtenu en France le plus de succès ; il est employé exclusivement dans plusieurs centaines de grandes exploitations des départements de l'ancienne Normandie. Son mécanisme est basé sur les mêmes principes que le semoir Garrett; il est seulement un peu moins compliqué. Le semoir Smith, selon ses dimensions et son prix, malheureusement très-élevé, sème à la fois de 9 à 15 lignes. L'instrument de 15 socs ne peut fonctionner qu'avec trois chevaux; il peut ensemencer cinq hectares dans une journée de travail; le semoir à 9 socs n'a besoin que d'un attelage de deux chevaux; il ensemence de trois à quatre hectares par jour de dix heures d'attelage. Son mécanisme est un peu moins difficile à réparer que celui du semoir Garrett, lorsqu'il vient à se déranger.

MACHINES A FAUCHER ET A MOISSONNER.

L'emploi des machines pour opérer rapidement la fenaison et la moisson, deux genres de travaux pour lesquels manquent souvent le temps et les bras, est une des plus heureuses innovations introduites de nos jours dans la pratique de l'agriculture. Celui qui dispose d'une bonne machine pour cette double destination peut toujours faucher ses foins et abattre ses moissons au moment le plus opportun, sans dépendre des ouvriers, qu'il est si souvent impossible de se procurer en nombre suffisant au moment du besoin. On ne se sert pas, pour la fenaison et pour la moisson, de deux machines différentes; c'est la même machine qui, au moyen de quelques pièces de rechange faciles à déplacer et à replacer, sert tantôt de faucheuse, tantôt de moissonneuse. Comme dans les semoirs, la force motrice est fournie par la rotation des roues qui supportent la machine; cette force communique le mouvement à toutes les pièces, au moyen d'un mécanisme plus ou moins compliqué. Au grand concours de moissonneuses qui a eu lieu à la ferme impériale de Fouilleuse, en présence des juges les plus compétents, le premier prix a été décerné à la machine de MM. Burgess et Key. Cette machine opère avec une grande régularité; elle est portée sur deux roues de hauteur inégale, dont la plus petite lui sert de pivot pour tourner à chaque extrémité du champ à moissonner.

La machine du docteur Mazier, de l'Aigle (Orne), rivalise avec celle de Burgess et Key; l'usage de cette machine se propage rapidement dans tous nos pays de grande culture des céréales. Pour s'en former une idée, il suffit de rappeler que les ateliers de construction de Paris ont livré 250 machines de Burgess et Key en 1857, 700 en 1858, et plus de 1,000 en 1859. Le nombre des machines Mazier livrées à l'agriculture a suivi la même progression.

MACHINES A BATTRE.

La supériorité du battage des céréales par les machines sur le battage au fléau ne peut pas plus être contestée que celle des semailles au semoir sur les semailles à la main, à la volée. Par l'emploi des machines à battre, d'abord on obtient d'un nombre donné de gerbes un rendement plus élevé, parce que tous les grains sont séparés de l'épi, ce qui n'a jamais lieu complétement par le battage au fléau; de plus, et c'est le point important, on peut, à l'aide des machines à battre, avoir, un mois après la moisson, tout son grain battu dans le grenier, ne conserver en grange ou en meules que des pailles battues, et disposer du produit des récoltes au moment le plus favorable pour la vente sans dépendre des batteurs en grange, qu'il n'est pas toujours possible de se procurer en nombre suffisant quand on a besoin d'eux.

Les machines à battre les grains reposent toutes sur le même principe; leur pièce principale est toujours une lanterne cylindrique tournant horizontalement, enveloppée de barres de fer ou de bois dur parallèles à l'axe de la lanterne, laquelle fait fonction de batteuse, et agit par ses aspérités sur le grain renfermé dans les épis. A mesure que le grain est détaché, il tombe sur un crible qui le fait descendre tout nettoyé dans les sacs destinés à le recevoir. Une bonne machine à battre, mise en mouvement, soit par un manége à chevaux, soit par une machine à vapeur fixe ou locomobile, peut battre en dix heures 70 à 80 hectolitres de froment. La machine de Ransome est une des meilleures et des plus usitées en France dans les grandes exploitations. Pour les petites et moyennes fermes, on a adopté dans un grand nombre de départements l'usage de faire voyager de ferme en ferme des machines à battre, accompagnées d'une machine à vapeur locomobile de la force nécessaire pour les faire fonctionner. A l'aide de ces machines ambulantes, les grains sont battus à un prix fixe par hectolitre, sans perte de temps et sans dérangement pour le cultivateur. La machine à battre de M. Damey, construite exprès pour ces déplacements, n'a pas besoin de machine à vapeur, elle fonctionne au moyen d'un manége direct, avec deux chevaux d'attelage.

La batteuse Damey, facile à transporter, tient si peu de place qu'on peut l'installer et la faire fonctionner partout, dans les plus petites exploitations comme dans les plus grandes. Quand le battage des grains au fléau aura été complétement remplacé par le battage au moyen des machines, cette heureuse substitution, que le temps doit forcément amener, aura été surtout hâtée par les machines ambulantes, dont bientôt personne ne pourra ni ne voudra plus se passer.

MACHINES A FANER.

Pour conserver au foin des prairies naturelles ou artificielles l'intégrité de ses propriétés alimentaires, il importe qu'il soit séché et enlevé le plus rapidement possible, afin de le soustraire aux chances de détérioration par le mauvais temps; on n'y réussit pas toujours en retournant le foin à la fourche, opération lente quand les bras ne manquent pas, impossible et interminable quand ils manquent : de là l'utilité de la machine à faner. Cette machine est essentiellement composée d'un cylindre porté sur deux roues, et armé d'un certain nombre de râteaux dits *hérissons*, dont les dents sont des crochets de fer longs et courbes. Quand la machine, attelée d'un cheval, fonctionne sur une prairie dont l'herbe a été fauchée et rangée en *andains*, les hérissons l'enlèvent, la dispersent et la laissent retomber dans les conditions les plus favorables à sa prompte dessiccation. Une bonne machine à faner, attelée d'un bon cheval, peut facilement, en une heure de temps, faner le foin d'un hectare de prairie. Cette rapidité d'exécution du fanage mécanique est, en cas de temps incertain, d'un prix incontestable pour assurer le succès de la fenaison. (Voyez *Fenaison*.)

RATEAU A CHEVAL.

Le râteau à cheval (*fig.* 7) est comme le complément obligé de la machine à faner. Partout où l'on emploie cette

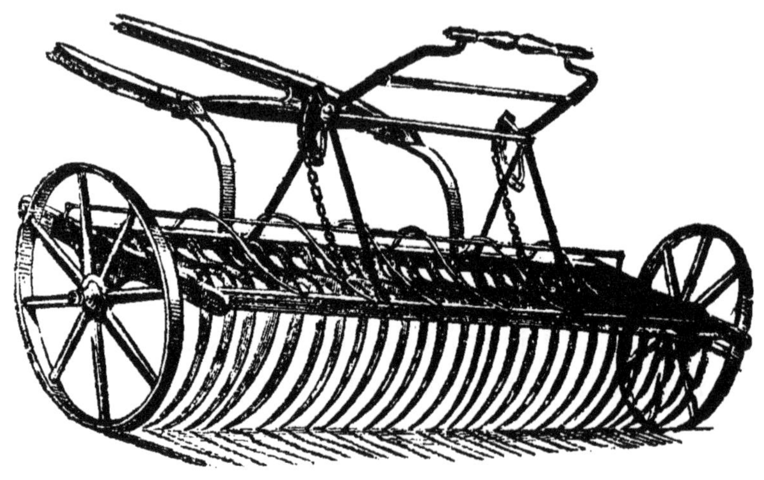

Fig. 7. — Râteau à cheval.

machine, si le foin doit être ramassé par des femmes armées d'un râteau à dents de bois, outre que ces râteaux laissent toujours une partie du foin sec sur la prairie, leur travail est si lent que le bénéfice de l'emploi de la faneuse mécanique est en partie perdu, surtout si le temps se met à la pluie. Le râteau à cheval, prenant d'un seul trait une grande largeur, sur laquelle il ne laisse pas le moindre brin d'herbe sèche derrière lui, accélère la rentrée du fourrage desséché, et permet de le mettre en un tour de main à l'abri du mauvais temps. La faneuse mécanique et le râteau à cheval sont des instruments simples et solides dont on peut se servir longtemps sans qu'ils aient besoin de réparation ; le premier forgeron de village, aidé du charron, peut les construire au besoin, et leur prix est des plus modérés. Avec tant d'avantages, si ces deux instruments n'avaient contre eux l'attachement aux anciennes coutumes, ils auraient pris depuis longtemps la place des fourches et des râteaux de bois usités pour le fanage ordinaire; c'est ce qui doit arriver avec le temps.

TARARES.

Dans les grandes exploitations, si les grains battus devaient être vannés à l'aide du van d'osier, on perdrait un temps énorme pour n'arriver qu'à un résultat fort imparfait. On donne aux céréales un nettoyage plus prompt et plus complet en se servant à cet effet du tarare, ou *diable volant*, dont on possède plusieurs bons modèles, tous basés sur le même principe. C'est toujours une boîte de bois surmontée d'une trémie par laquelle tombe le grain, vivement agité à mesure qu'il tombe par des palettes que met en jeu une manivelle. Dans le tarare, le grain est soumis à un vif courant d'air qui emporte les fragments de paille et tous les débris légers, et les rejette au dehors. La partie inférieure du tarare est percée de deux ouvertures, par lesquelles passent séparément les grains défectueux d'un côté, et les grains entiers de l'autre.

L'un des meilleurs tarares employés en France est celui de M. Vermorel, de Villefranche (Rhône). Il est spécialement approprié à compléter le nettoyage des grains sortant de la machine à battre; il nettoie par heure deux hectolitres de froment, et le rend parfaitement propre. D'autres tarares, très-utiles dans les grandes fermes, sont accompagnés d'un crible qui complète l'épuration du blé en ne laissant passer que les grains plus ou moins défectueux, et séparant les grains les plus beaux, propres à à être employés pour les semailles. Le tarare Vilcoq est un des meilleurs pour cette destination.

TRIEURS MÉCANIQUES.

Le triage des grains pour les semailles importe beaucoup plus qu'on ne le croit communément au succès de la culture des céréales, culture qui tiendra toujours la première place dans l'agriculture d'Europe. Les meilleurs tarares, même celui de M. Vilcoq, ne font jamais ce triage avec toute la perfection désirable. Il en résulte qu'on sème avec les blés toute sorte de graines de mauvaise herbe, et qu'on salit comme à plaisir la terre à mesure qu'elle est nettoyée par les cultures sarclées et les labours d'été : c'est toujours à recommencer. On ne peut donc se passer, dans les fermes bien tenues, d'un bon trieur mécanique, qui sépare complétement les graines de mauvaise herbe des graines de céréales, et ne laisse parmi celles-ci que les plus parfaites, celles dont la levée peut être regardée comme certaine. Ce dernier point est d'une importance capitale partout où les semailles se font en lignes, au semoir.

En Belgique, on emploie, à cet effet, un crible à cylindre conique, en fil de fer, dont les mailles sont d'autant plus larges qu'elles se rapprochent de la base de l'appareil. L'espace au-dessous du cylindre est divisé en quatre compartiments par des cloisons verticales. En tournant doucement la manivelle du crible, le grain versé par la trémie le parcourt sur toute sa longueur. Les graines fines de mauvaise herbe passent les premières et sont reçues dans les premiers compartiments; les graines plus grosses et les grains de blé défectueux passent ensuite ; enfin, le dernier compartiment ne reçoit que des grains irréprochables, sans mélange de graines étrangères. Ce résultat n'est pas obtenu complétement ; mais le grain criblé est toujours beaucoup plus propre qu'il ne peut l'être en sortant du tarare.

Le froment sort plus pur du trieur Vachon. Dans ce trieur, le grain versé par la trémie glisse le long d'un plan incliné dans l'épaisseur duquel sont ménagées des cavités où s'arrêtent les graines étrangères et les grains de blé défectueux.

On regarde comme le plus parfait des trieurs mécaniques employés jusqu'à ce jour celui de M. Marot, de Niort (Deux-Sèvres). Dans ce trieur, comme dans le trieur belge, les grains à nettoyer parcourent toute la longueur d'un cylindre-crible, dont les compartiments sont percés de trous d'inégales grandeurs ; il rend le blé pour les semailles aussi pur qu'on peut le désirer. Dans une partie de nos départements de l'Ouest, c'est une industrie très-profitable que celle d'aller de ferme en ferme, à l'époque des semailles, avec un trieur Marot, épurer à prix déterminé par hectolitre les grains dont chaque exploitation peut avoir besoin. Ce trieur peut être manœuvré sans excès de fatigue par un jeune garçon.

Les machines agricoles autres que celles qui précèdent ont toutes un but commun, celui de donner aux aliments des bestiaux diverses préparations servant à les leur rendre plus profitables. Ce sont les *hache-pailles*, les *coupe-racines*, les *concasseurs de grains*, et les *appareils de cuisson* pour les racines fourragères.

HACHE-PAILLE.

Si l'utilité réelle du hache-paille était bien appréciée, cet instrument fonctionnerait partout où il y a des bestiaux à nourrir, et il ne leur serait pas distribué une seule poignée de fourrage sec qui ne fût haché. La distribution des fourrages entiers est un véritable et déplorable gas-

Fig. 8. — Hache-paille.

pillage. L'agriculture possède un grand nombre de hache-paille de divers modèles appropriés aux besoins de toutes les exploitations. Tous ont pour base un tréteau supportant une auge en bois, dans laquelle le fourrage, pendant que l'ouvrier fait fontionner l'instrument, se présente sous un couteau simple ou sous un système de lames qui le coupe de la longueur désirée. L'un des plus simples, propre aux moyennes et aux petites exploitations, est le hache-paille Durand (*fig*. 8). Pour les fermes plus considérables, on emploie généralement le hache-paille anglais de Garrett, qui débite dans un temps donné une quantité de fourrage sec plus considérable.

COUPE-RACINES.

Il est très-avantageux de couper les racines en tranches ou lanières minces avant de les donner au bétail. On peut facilement mêler par ce moyen les racines coupées et les fourrages secs hachés, et ce mélange nourrit mieux les bestiaux que ne le feraient les mêmes aliments distribués entiers et séparés. Parmi les nombreux modèles de coupe-racines dont dispose l'agriculture, les plus simples, moins sujets que les autres à se détraquer, sont les plus commodes et les meilleurs. Le coupe-racine champenois se recommande spécialement par sa simplicité; il n'y en a pas qui soit moins compliqué. La caisse est établie solidement sur un bâtis en bois à trois pieds reliés entre eux par des traverses, pour leur donner plus de fixité. Le fond de la caisse est formé par une planche munie d'une poignée. Le couteau qui doit couper les racines est fixé un peu au-dessus de la fente longitudinale de la planche, de telle sorte qu'en imprimant à la planche un mouvement de va-et-vient, les racines renfermées dans la caisse arrivent toutes succesivement sous le couteau, qui les débite en minces lanières ; elles sont reçues dans un panier placé sous la caisse; elles y tombent à chaque mouvement de la planche, à mesure qu'elles sont débitées. Cet instrument, inventé par M. Paul, de Vitry-le-François (Marne), est aussi peu coûteux qu'il est simple; son prix n'est que de 12 francs.

Pour les exploitations où il y a beaucoup de bétail à nourrir, on adopte généralement les coupe-racines qui fonctionnent à l'aide d'un disque de fonte armé de plusieurs lames de couteau, qui passent et repassent quand on tourne la manivelle du disque devant l'ouverture de la trémie remplie de racines à couper. La figure 9 représente le coupe-ra-

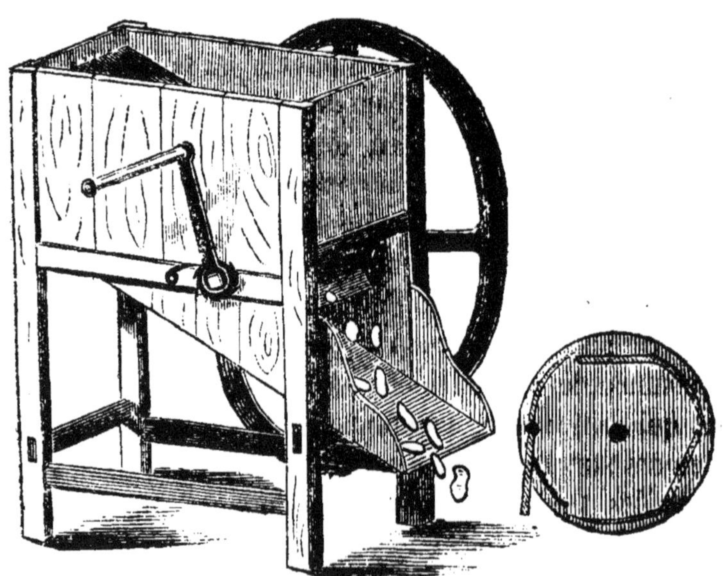

Fig. 9. — Coupe-racines à cylindre.

cines à cylindre, l'un des plus usités dans l'agriculture française. Ce coupe-racine, servi par deux ouvriers, dont l'un tourne la manivelle et l'autre remplit la trémie de racines à mesure qu'elle se vide, peut débiter en une heure 800 à 900 kilogrammes de racines, en tranches de 5 millimètres d'épaisseur.

CONCASSEURS.

Quelques-unes des graines qui font partie de la ration des bestiaux leur sont plus profitables lorsqu'au lieu de les leur donner entières, on les concasse avant de les leur distribuer. On se sert, à cet effet, de concasseurs, particulièrement propres à broyer grossièrement les féveroles ou fèves à cheval, qui deviennent excessivement dures par la dessiccation.

Ces instruments sont tous essentiellement composés d'un cylindre cannelé tournant sur son axe au moyen d'une manivelle et d'un volant; près du cylindre cannelé, dans la boîte du concasseur, une plaque de fer couverte d'aspérités est assujettie dans une position inclinée; les féveroles tombant de la trémie dans la boîte ne peuvent passer qu'entre le cylindre et la plaque; elles y sont divisées en fragments plus ou moins gros, selon la largeur de l'espace ménagé entre la plaque et le cylindre cannelé. Les fragments tombent par le fond ouvert de la boîte.

APPAREILS A CUIRE LES ALIMENTS DES BESTIAUX.

Plusieurs des racines fourragères dont on nourrit les bestiaux, surtout les carottes et les pommes de terre, sont beaucoup plus nutritives lorsqu'on les leur donne cuites que quand ils les mangent crues. Pour simplifier et faciliter la cuisson de ces racines, on a inventé divers appareils qui ont pour but de produire de la vapeur d'eau, et de la mettre en contact à une haute température avec les racines contenues dans un vase à clôture hermétique. Dans les appareils de ce genre, la chaudière est placée entre deux cuves de bois cerclées en fer, plus profondes que larges, munies d'un couvercle de tôle. La vapeur est introduite dans les cuves par le bas ; il faut deux heures pour cuire de cette manière de 2 à 8 hectolitres de racines, selon la capacité de la chaudière et celle des cuves.

Dans une ferme qui réunit tous les instruments aratoires et toutes les machines agricoles dont on vient de décrire la construction et les usages, le fermier a sous sa main les éléments d'une bonne culture; sans instruments de travail perfectionnés, le talent du plus habile cultivateur ne peut réussir à développer et utiliser complétement les forces productives du sol.

INSTRUMENTS DE TRANSPORT.

Le transport des fumiers sur les terres, des récoltes des champs à la ferme, et des produits du sol au marché, constitue l'une des plus fortes dépenses de toute exploitation agricole. Le fermier doit choisir avec beaucoup de soin les instruments de transport à l'usage de son exploitation. S'ils sont trop légers ou mal appropriés à l'état des chemins sur lesquels ils doivent être employés, ils sont exposés à de fréquentes avaries et nécessitent des réparations continuelles ; s'ils sont trop lourds, ils imposent un excès de fatigue inutile aux attelages et occasionnent des pertes de temps considérables. En général, les charrettes à deux roues sont d'un meilleur service dans les pays au sol plus ou moins accidenté, et les chariots à quatre roues sont préférables dans les pays de plaine mais tout dépend de l'état des chemins.

GUIMBARDE.

Le meilleur modèle de charrette à l'usage d'une ferme est celui de la *guimbarde*, connue et employée dans toute la France ; les ridelles de derrière et celles de devant s'écartent plus ou moins, selon le genre de charge que la charrette doit recevoir ; on peut les supprimer tout à fait pour le transport des sacs de grains et des autres objets peu volumineux.

CHARIOT.

Le chariot à quatre roues (*fig.* 10), auquel on peut atteler 2, 4 ou 6 chevaux deux par deux, est très-commode pour le transport des objets lourds et encombrants. Son principal avantage, c'est de ménager les forces des animaux d'attelage ; à la montée comme à la descente, l'attelage d'un chariot pesamment chargé n'a pas d'efforts extraordinaires à faire pour retenir l'équipage, qui se soutient de lui-même, en raison de la stabilité que lui donnent ses quatre roues ; l'attelage d'une charrette à deux roues doit, au contraire, dépenser toutes ses forces, rien que pour empêcher le véhicule de reculer à la montée ou d'éreinter à la descente le cheval du brancard. La figure 10. réprésente le modèle le plus usité en Belgique du cha-

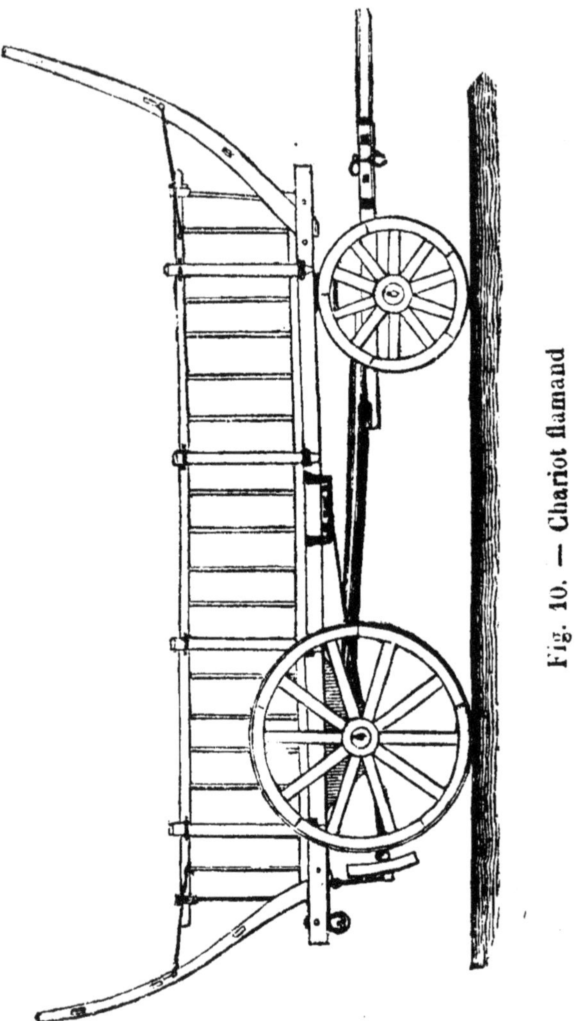

Fig. 10. — Chariot flamand

riot flamand, à la fois solide et léger, le meilleur qu'on puisse adopter pour les pays de plaine dont les chemins sont en assez bon état. Ce chariot peut supporter sans se détériorer les charges les plus lourdes, telles que du bois ou de la pierre à bâtir.

TOMBEREAU.

Le tombereau (*fig.* 11), est indispensable pour le transport de la chaux, de la marne, des terres, du sable, à

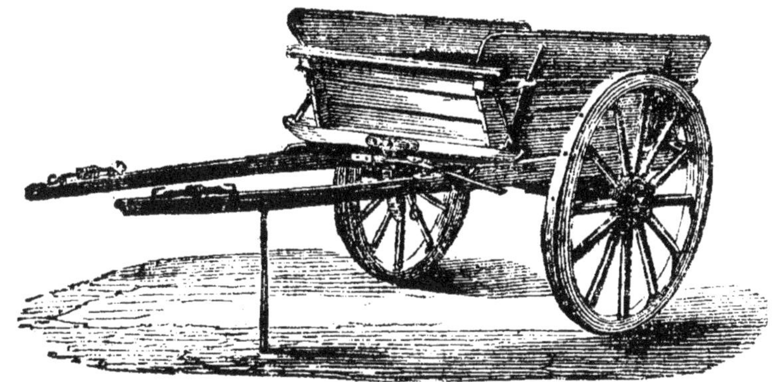

Fig. 11. — Tombereau de ferme.

cause des facilités qu'il offre pour le vider en le faisant basculer en arrière afin de déposer sa charge à terre sans dételer. En Écosse, où les routes et chemins sont parfaitement entretenus, on se sert conjointement avec le tombereau d'une charrette qui peut basculer en arrière comme celui-ci pour déposer sa charge; cette charrette est particulièrement employée au transport des sacs de grains, elle est à la fois solide et légère, et peut supporter des charges fort pesantes ; mais, pour peu que les chemins soient mauvais, elle s'y détraque en peu de temps : elle n'est réellement utile et d'un bon service que là où elle circule sur de bonnes routes et de bons chemins.

Dans les fermes où l'on pratique les arrosages avec les engrais liquides, il faut avoir en outre divers véhicules propres au transport et à l'épandage de ces engrais. L'une des meilleures charrettes-citernes est celle que les Anglais emploient pour ce genre d'arrosage. C'est une caisse de tôle à laquelle est adaptée une pompe qui, au moyen d'un tuyau de tissu imperméable, puise l'engrais liquide dans le réservoir à purin. L'appareil d'arrosage appliqué à cette charrette-citerne est percé de trous dont une plaque mobile augmente ou diminue l'ouverture à volonté, selon les besoins de l'arrosage. En France, où l'emploi direct des engrais liquides sur les cultures est très-peu usité, on ne fait usage pour ce service que du tonneau d'arrosage ordinaire, beaucoup moins commode sous tous les rapports, mais d'un prix beaucoup moins élevé.

Dans les petites exploitations, le transport et la distri-

Fig. 12. — Baquet-Brouette.

bution de faibles quantités d'engrais liquides se font très-bien et à peu de frais avec le baquet à brouette que représente la figure 12.

DE L'ÉTAT ACTUEL DE L'OUTILLAGE AGRICOLE.

Les notions qu'on vient de résumer sur les instruments aratoires montrent combien il reste encore à faire pour les porter à leur maximum de perfectionnement possible, chacun selon sa destination, eu égard aux degrés très-divers de ténacité et de résistance des terres dans lesquelles ils doivent fonctionner. Les efforts des constructeurs pour se rapprocher du but ne se ralentissent pas, et, quoiqu'ils ne soient pas tous également heureux, ils contribuent pour une large part au progrès général de l'agriculture; un coup d'œil sur quelques-unes des améliorations récemment introduites dans les plus usités des instruments aratoires complétera le tableau de l'outillage agricole dans son état actuel.

La *charrue*, quoi qu'on fasse pour l'améliorer, est et sera longtemps encore un instrument lourd, d'un usage incommode, fort dispendieux, et dont on se sert faute de mieux, par habitude. On comprend qu'il ne saurait être question de remplacer la charrue par autre chose qui n'est pas encore inventé; néanmoins chaque jour met à découvert dans les charrues, même les meilleures, des imperfections auxquelles on cherche à remédier. L'un des plus graves de ces inconvénients, c'est la nécessité de tourner à chaque extrémité du champ, et de replacer la charrue pour ouvrir une nouvelle raie. Dans les très-grandes exploitations, l'inconvénient n'est pas grave, parce que la charrue agit sur de grandes surfaces; les sillons sont très-longs; une légère halte avant de tourner laisse souffler l'attelage et ne retarde pas sensiblement le travail. Dans la moyenne et la petite culture, où les surfaces à labourer ont moins d'étendue, ce défaut des charrues ordinaires est beaucoup plus sérieux. Le moyen le plus utile d'y échapper, c'est d'employer la charrue *tourne-oreille*, dont on possède plusieurs modèles. Le plus estimé est une charrue de Brabant, connue et assez fréquemment usitée dans le Nord sous le nom de *Brabant double*. C'est une charrue de Brabant dont l'âge, entièrement en fer, supporté par un avant-train qui repose sur deux roues de fer, comme toutes les parties de l'instrument, porte parallèlement les uns aux autres deux coutres, deux socs et deux versoirs. La moitié de l'appareil fonctionne comme toute autre charrue, tandis que l'autre moitié reste en l'air, attendant son tour pour entrer en activité. Au bout de chaque raie, le laboureur, au lieu de faire le tour de la pièce et d'aller ouvrir sur l'autre bord une raie dans le sens opposé, n'a qu'un tour de manivelle à donner pour relever la portion de la charrue double qui vient d'agir et faire descendre l'autre partie à sa place, précisément dans la position voulue pour ouvrir, en revenant, une raie exactement semblable à celle qu'il vient d'ouvrir en allant. Il y a là une économie réelle de temps, qui peut avoir sa valeur quand on est très-pressé, l'état de la température ayant retardé les labours : mais, d'une part, toute charrue tourne-oreille, le Brabant double comme les autres, pèse plus et exige plus de tirage que la charrue simple de même force; de l'autre, si la longueur de la raie dépasse 150 à 200 mètres, il y a nécessité de laisser souffler l'attelage avant de reprendre le labour, et l'économie de temps devient illusoire. Par tous ces motifs, auxquels il faut ajouer le prix toujours élevé d'une bonne charrue tourne-oreille, l'emploi de ces instruments dans la pratique est et reste fort limité.

Un agriculteur distingué de la Bavière rhénane, M. Lapointe, a inventé, pour remplir les fonctions de charrue tourne-oreille à l'usage des petites exploitations, une charrue qui porte son nom. La charrue Lapointe n'a pas de coutre; elle est pourvue d'un versoir double, comme celui d'un buttoir; elle tourne facilement sur son axe, fortement incliné; les deux bords de son soc, large et tranchant, remplissent tour à tour la double fonction du coutre et du soc. La charrue Lapointe, à peine connue en France, peut être utilement admise dans beaucoup de petites exploitations; elle est particulièrement appropriée au labourage des terrains de peu d'étendue, en pente très-rapide.

En Amérique, les besoins d'une agriculture placée dans des conditions très-différentes de celles de l'agriculture européenne font éclore tous les jours les charrues les plus excentriques: l'une de celles qui ressemblent le moins à une charrue, et qui néanmoins est fort en faveur aux États-Unis, est la charrue de Platt, dont le soc pointu, en spirale à plusieurs lames, tourne continuellement sur lui-même, en avançant, au moyen d'un pignon oblique, d'une roue dentée et d'un arbre en fonte de fer. La charrue Platt pulvérise le sol en le retournant; elle exige une énorme dépense de forces, et ne peut fonctionner qu'avec quatre forts chevaux ou trois paires de bœufs.

Les *herses*, dont l'utilité, quoique secondaire, prend place après celle de la charrue, sont aussi l'objet d'inventions plus ou moins applicables: celles de MM. Boully-Jolly et Auguste Millet ont l'une et l'autre pour but de régulariser l'action des dents, pour que nulle partie de la surface du terrain hersé ne puisse lui échapper, inconvénient à peu près inévitable quand on se sert des herses communes, et que le terrain n'est pas parfaitement uni. Dans les cantons où n'a pas encore pénétré le drainage, et où, pour cette raison, la méthode défectueuse de la culture en billons ou en planches étroites très-bombées est encore en usage, on se sert avec avantage d'une herse brisée, à châssis courbe, à dents de fer courtes, pour bien mélanger avec la terre le grain des semailles. Pour faire agir cette herse, le laboureur la dirige à l'aide de deux mancherons semblables à ceux d'une charrue, tandis que son cheval d'attelage suit la raie entre deux planches. Selon la forme plus ou moins bombée des planches ou des billons, le laboureur peut, sans excès de fatigue, écarter ou rapprocher les deux parties de la herse à billons, et veiller à ce que toutes les parties de la surface ensemencée soient hersées complétement. Le principal obstacle à la généralisation de l'emploi de la herse à billons, dans les cantons où cet instrument pourrait rendre le plus de services, c'est qu'elle ne fonctionne bien qu'entre les mains d'un ouvrier exercé et très-attentif à sa besogne, conditions qu'il n'est pas toujours possible de trouver réunies chez les ouvriers agricoles. On mentionne pour mémoire la herse rotative de M. Halkett, mue par une locomotive à vapeur, comme toutes les machines agricoles du même inventeur; cette herse, qui consiste en un cylindre armé de fortes dents de fer, fonctionne à peu près comme la charrue Platt, en tournant à mesure qu'elle avance. C'est l'une des moins applicables de toutes les modifications récemment introduites dans la construction des herses et dans la manière de les faire agir.

Les *rouleaux*, d'un usage plus restreint et d'une utilité moins indispensable que les herses, ont aussi reçu de récents perfectionnements. Les plus utiles des rouleaux sont ceux d'un poids considérable, employés pour raffermir le sol des prairies, soulevé par les alternatives de gelées et de dégels. Dans la plupart des grandes exploitations, on n'emploie pas pour cette besogne de rouleau d'un modèle spécial; on loue les rouleaux à l'usage des routes empierrées à la Macadam par les ponts et chaussées. Cette location revient à 30 francs par jour, et l'on ne peut pas, à ce prix, rouler dans une journée plus de deux hectares, ce qui revient à 15 francs par hectare, dépense devant laquelle recule le plus grand nombre des petits cultivateurs. On doit au général Morin, directeur du Conservatoire des arts et métiers, deux modèles de rouleaux économiques, l'un en pierre, pour le roulage des prairies, l'autre à disques en fonte de fer, pour le roulage des céréales. Une caisse qui surmonte ces deux rouleaux, et qu'on remplit au besoin de pierres, de sable ou de gravier, permet d'en faire varier à volonté le poids, selon les nécessités de la culture. La longueur de chacun de ces deux rouleaux, construits surtout en vue des petites et moyennes exploitations, n'est que de 80 centimètres; ils fonctionnent avec un seul cheval d'attelage conduit par un enfant. Le travail de ces instruments, d'après les calculs du général Morin, ne revient pas à plus de 7 à 8 francs par hectare.

Pour faciliter l'épandage des engrais liquides sur les prairies, soit naturelles, soit artificielles, et leur faire en même temps subir une forte compression, M. Pernollet a récemment inventé un appareil fort ingénieux, qu'il nomme rouleau compresseur-distributeur. La pièce principale est un cylindre creux en fonte de fer, fermé à ses deux extrémités. Ce cylindre contient intérieurement des lames concentriques disposées comme celles qui garnissent l'intérieur d'une tête de pavot. Au moyen de ces lames, le liquide contenu dans le cylindre est conduit jusqu'à la dernière goutte dans un réservoir, d'où il tombe en pluie suffisamment divisée sur la prairie que le rouleau vient de comprimer. Le rouleau Pernollet donne d'excellents résultats; mais, comme il coûte fort cher et qu'il ne peut fonctionner qu'à l'aide de puissants attelages, il ne peut être employé que dans les très-grandes exploitations.

Les *instruments de transport* restent depuis assez longtemps à peu près stationnaires; on peut dire cependant que c'est une des parties du matériel de ferme qui laisse le plus à désirer. Il y a des régions entières, celle des Landes, par exemple, où l'on se sert encore de véhicules qui n'ont pas dû changer sensiblement depuis les temps antérieurs au christianisme. Ceux qui n'ont pas visité cette partie de la France auront peine à croire qu'il y a là des cantons entiers où l'on ne se sert pour les transports agricoles que d'une charrette à bœufs, qu'il faut dételer chaque fois qu'on veut en ôter le contenu. Les roues de cette charrette sont formées de deux tranches de tronc d'arbre sciées horizontalement, traversées par un morceau de bois dur en guise d'essieu; rien de plus primitif. Quand le conducteur de l'équipage veut le vider, après avoir dételé, il s'arme d'un levier, dont il est toujours muni à cet effet, l'insère sous une des roues et jette la charrette sur le flanc; il la relève par le même procédé quand elle est vide. L'emploi d'un pareil instrument de transport ne peut pas convenir aux gens pressés. Les paysans landais son tellement attachés à leurs anciennes coutumes que, dans plusieurs grandes entreprises de défrichement, il a été impossible de les retenir, même en leur offrant un salaire élevé, tant il leur répugnait de changer leur charrette traditionnelle, pour conduire les charrettes, chariots et tombereaux en usage dans le reste de la France! Ailleurs, le perfectionnement des instruments de transport est rendu impossible par l'état des chemins; à mesure que la voirie vicinale s'améliore, l'amélioration des charrois suit une marche parallèle. On ne peut signaler de sérieux perfectionnements, récemment introduits, que dans les chariots et réservoirs mobiles pour le transport et l'épandage des engrais liquides. Ces instruments ont tous le même défaut, celui de répandre inégalement leur contenu dans lés surfaces arrosées, parce qu'au début la pression du liquide sur lui-même le fait sortir avec une vitesse qui diminue graduellement à mesure que le réservoir est moins rempli. On vient d'exposer comment le rouleau distributeur de M. Pernollet tourne cette difficulté, très-sérieuse dans la pratique. En Angleterre, où l'emploi des engrais liquides tient une plus large place qu'en France dans la grande culture, on a imaginé divers appareils dont le mécanisme intérieur a pour but de régulariser autant que possible l'écoulement de l'engrais liquide sur les terres qu'il doit fertiliser; les deux plus estimés de ces appareils sont les chariots distributeurs de M. Stratton et de M. Chandler. Ce dernier est construit de façon à pouvoir s'adapter à la suite d'un semoir à cheval, de sorte qu'il verse l'engrais liquide sur le grain des semailles au moment où ce grain est confié à la terre. L'emploi de ces deux excellents instruments est à peu près inconnu en France, et il est juste d'ajouter que, quant à présent, il serait peu en harmonie avec les conditions économiques ordinaires de l'agriculture française.

Les progrès sont plus nombreux et plus importants dans le domaine des *machines agricoles* proprement dites, ayant pour objet de modifier profondément la pratique de l'agriculture. En première ligne, les charrues à vapeur font leur chemin, non pas encore en France, mais dans la Grande-Bretagne, où les bras, accaparés par la marine marchande et l'industrie manufacturière, manquent partout pour les travaux des champs. Quinze de ces machines fonctionnent dans un seul canton, celui d'Overtown (Suffolk). Le modèle le plus généralement adopté laboure, dans les trois jours d'été les plus longs, 5 hectares de terres de résistance moyenne, et 3 hectares dans les jours d'hiver les plus courts. La charrue à vapeur donne un labour de 25 centimètres de profondeur, d'une régularité aussi parfaite que pourrait l'être celle d'un labour très-soigné à la bêche; le prix de revient de ce genre de labour est d'environ 22 francs par hectare. L'avenir du labourage à vapeur, dans les grandes exploitations de la Grande-Bretagne, au lieu d'être à peine entrevu, comme en France, dans un lointain indéfini, semble donc tout près de se réaliser.

Chez nous, le genre de machines agricoles qui progresse le plus rapidement et se fait le plus aisément accepter des fermiers dans les pays de grande culture, c'est la machine servant à la fois à faucher et à moissonner. Celles de Burgess et Key, que l'on a mentionnées plus haut, et celle du docteur Mazier, reçoivent tous les ans des simplifications tendant à en vulgariser l'usage; une foule d'autres, moins connues, se répandent sans bruit dans nos pays à blé : telles sont les faucheuses-moissonneuses de M. Picot et de M. Faure, dont le prix ne dépasse pas 450 à 500 francs, et qui, par cela seul, se rapprochent sensiblement des conditions de la moyenne culture; ces machines fonctionnent vite et bien avec un seul cheval d'attelage, sous la conduite d'un seul ouvrier.

Parmi les machines d'un intérêt secondaire, on doit signaler les *moulins à bras*, dont le modèle le plus perfectionné est celui de M. Lavie. Ce moulin occupe peu d'espace; deux ouvriers suffisent pour le faire fonctionner sans excès de fatigue; il moud le froment à 82 pour 100; son prix est peu élevé. On n'entend pas préconiser d'un point de vue général la mouture des grains par les moulins à bras, qui nous feraient rétrograder jusqu'au temps où, chez les anciens, les esclaves étaient condamnés à tourner la meule. Chez nous et de nos jours, le moulin à vent et le moulin à eau sont arriérés, dépassés par la mouture à la vapeur; mais, dans bien des cantons écartés, il faut souvent attendre que l'eau coule ou que le vent souffle pour faire moudre la farine nécessaire au pain quotidien. Un bon moulin à bras rend, en pareil cas, de signalés services, et, à ce titre, celui de M. Lavie est d'une incontestable utilité.

Aujourd'hui que l'impulsion est donnée, que l'inventeur, appliquant son génie au perfectionnement de l'outillage agricole, est à peu près assuré de ne perdre ni son temps ni sa peine, il y a probablement, au moment où ce livre est écrit, de sérieux perfectionnements prêts à se produire, et, selon toute apparence, la fin de ce siècle changera le matériel des exploitations rurales, encore plus radicalement qu'il n'a été changé pendant sa première moitié.

LABOURS.

La ferme est pourvue de tout son matériel en instruments aratoires, machines agricoles et instruments de transport. En admettant que le cultivateur ait fait choix des meilleures charrues, il s'agit pour lui de s'en bien servir. Il y a en France bien des millions de laboureurs : combien y en a-t-il de bons ?

C'est une connaissance bien moins vulgaire qu'on ne pourrait le croire que celle des conditions d'un bon labour. Cette connaissance est, à la vérité, moins rare depuis que, par l'utile institution des comices agricoles, un grand nombre de laboureurs ont eu l'occasion de se signaler dans les concours de charrues. Néanmoins, l'immense majorité de ceux qui labourent suit tout simplement la manière de ceux qui lui ont appris à labourer, et ne cherche pas à en savoir davantage.

ATTELAGE DES ANIMAUX DE LABOUR.

Le premier soin dont il faut se préoccuper avant de se mettre à labourer, c'est celui de bien atteler les animaux de service, de manière à utiliser complétement leurs forces, sans leur imposer ni gêne ni excès de fatigue pendant le travail. Lorsqu'on laboure avec des bœufs, bien que l'antique usage de les atteler par la tête à un joug attaché par des courroies soit resté en vigueur dans la plupart des départements où les bœufs sont employés au labourage, il vaut mieux les atteler au collier, comme les chevaux et les mulets, et les faire tirer par le poitrail. On objecte que les bœufs liés au joug par les cornes sont plus faciles à conduire : c'est un préjugé. En Belgique, où l'usage du joug pour les bœufs est inconnu, on attelle ces animaux à la charrue, à la charrette, au tombereau même ; ils sont aussi dociles et font un aussi bon service que les chevaux les mieux dressés, et ne donnent jamais lieu à aucun accident ; mais c'est à la condition qu'ils soient traités avec beaucoup de douceur. S'ils sont brutalisés, ils s'en vengent tôt ou tard comme les chevaux, et la vengeance d'un bœuf est terrible à cause de ses cornes ; on voit que rien n'est plus aisé que de ne pas s'y exposer. On fait observer à ce sujet que l'homme, pour tirer un bon service des animaux qui le secondent dans la tâche de labourer la terre, doit les traiter comme de bons serviteurs, comme des amis.

Le collier, partie essentielle du harnais, doit être modelé sur les formes de l'animal qui doit le porter ; il ne va jamais bien s'il n'est fait sur mesure, selon l'expression reçue. Le meilleur modèle de collier pour les chevaux de labour est le collier perfectionné par M. Vandecasteele. Ce collier est muni à sa partie supérieure de deux œillets qui servent à relier les attelles au moyen d'une courroie qu'on peut serrer ou desserrer selon le besoin. Une échancrure est ménagée pour recevoir le garot, qui, sans cette précaution, se comprime et contracte des écorchures douloureuses ; enfin, l'évasement du bas, mesuré d'après la conformation de l'animal, laisse toute liberté à la respiration et à la circulation, même quand le cheval est contraint à tirer de toutes ses forces. Les mêmes principes doivent régler la forme du collier pour les mulets ou les bœufs d'attelage, en admettant les modifications que nécessite la conformation du cou et du poitrail de ces animaux.

La bonne disposition des palonniers fixés à l'âge de la charrue n'est pas moins nécessaire pour bien utiliser la force des attelages. Quand la charrue fonctionne avec deux bêtes de travail, ou, selon l'expression reçue, avec deux colliers, le cheval de droite doit marcher dans la raie, et celui de gauche dans le guéret, c'est-à-dire dans le sillon tracé par le trait précédent de la charrue. Si l'un des deux chevaux, par excès d'ardeur ou par défaut d'habitude, tend à s'écarter de la ligne qu'il doit suivre en ne maintenant pas assez exactement sa distance de son camarade, on remédie à cet inconvénient par l'emploi d'un bâton mince attaché aux harnais de tête des deux chevaux. La longueur de ce bâton étant précisément égale à celle de la distance qu'ils doivent constamment garder pendant le labourage, cela suffit pour qu'ils ne puissent s'en écarter.

Quand, dans les terres fortes et pesantes, pour donner des labours profonds, on doit atteler à la charrue un troisième cheval, son palonnier est fixé au crochet de la partie antérieure de l'âge par une chaîne de longueur suffisante pour que rien ne gêne la marche de l'attelage, surtout quand la charrue doit tourner au bout de chaque raie. Le mode d'attelage est le même quand, pour des défoncements ou pour des défrichements de bruyères, on doit mettre quatre chevaux à la charrue. Les deux premiers sont attelés comme s'ils devaient labourer seuls; les deux de devant sont attelés à un palonnier double attaché par une chaîne au crochet de l'âge de la charrue.

RÈGLEMENT DE LA CHARRUE.

On a précédemment décrit les formes les plus usitées du régulateur et la manière de l'ajuster pour régler l'entrure du soc de la charrue (voy. *Charrue*, page 10). Le régulateur à chaîne est celui qui maintient l'entrure avec le plus de fixité. On a introduit récemment un régulateur à tiges qui permet au laboureur de modifier l'entrure sans arrêter la marche de son attelage et sans quitter les mancherons; on le nomme régulateur de Mettrai, parce qu'il a été employé pour la première fois dans la colonie agricole des Jeunes Détenus, à Mettrai (Indre-et-Loire).

Quelque parfaitement ajusté que puisse être un régulateur, une foule de circonstances peuvent rendre son action insuffisante. La plus fréquente est l'inégalité de consistance dans les différentes parties d'un même champ. Si la raie est très-longue et que la terre, légère au point de départ, finisse par être plus ou moins forte à l'autre extrémité, la meilleure charrue ne tient pas exactement son entrure. Il faut donc que le laboureur, connaissant parfaitement la nature du sol sur lequel il opère, règle au départ sa charrue le mieux possible, et qu'ensuite il ne compte pas d'une manière trop absolue sur son régulateur. Attentif à sa besogne, il saura peser à propos sur les mancherons, les soulever au besoin, et il n'en éprouvera pas d'excès de fatigue, si la charrue dont il se sert est bien en équilibre et si elle est pourvue d'un bon régulateur.

Il faut aussi que le laboureur, avant de commencer son travail, se rende parfaitement compte de l'état de la terre qu'il va retourner. Si c'est une terre légère, modérément humide, de même nature sur toute la longueur du champ, il n'a qu'à régler l'entrure à la profondeur qu'il juge la plus convenable : sa charrue, une fois bien réglée, ne se dérangera pas; mais, s'il a affaire à une terre forte, argileuse, un peu durcie par la sécheresse au moment où il doit y mettre la charrue, sa tâche n'est plus aussi facile. Il aura beaucoup de peine au début à faire pénétrer le soc assez avant dans la terre; une fois entré, le soc, par la pression exercée sur lui et sur le versoir par la bande de terre déplacée, tendra à s'enfoncer trop avant, puis, tout à coup, la terre dure venant à céder, le soc sera poussé hors de la raie comme s'il recevait un choc violent par-dessous : nouvelle peine à faire rentrer la charrue dans sa raie et à maintenir le soc à la profondeur désirée. On voit par combien de causes diverses le régulateur, à un moment donné, peut se trouver impuissant à bien remplir son office, et quelle attention il faut apporter au travail du labourage lorsqu'on tient à bien labourer, ce qui n'est pas toujours facile, au contraire, et ce qui explique pourquoi tant de gens, qui pourtant n'ont fait autre chose de toute leur vie, labourent le plus mal possible.

CONDITIONS D'UN BON LABOUR.

Pour exécuter un bon labour, dans le vrai sens de cette expression, il faut d'abord se rendre compte exactement du but du labourage; le labour est bon quand ce but est complétement atteint. Le labourage n'a pas seulement pour but d'ameublir la couche de terre cultivable, et de la rendre par là propre à recevoir les semailles; il faut aussi qu'il ouvre la terre aux influences fertilisantes de l'atmosphère, et pour cela, qu'il la mette en contact avec l'air par le plus grand nombre de points possible. Pour que la terre soit bien ameublie par le labour, elle doit être prise bien à son point, ni trop sèche ni trop mouillée; quand le sol est convenablement drainé, cette condition si importante est réalisée presque toute l'année, et l'on peut donner au besoin un bon labour à peu près en toute saison. Il faut ensuite que la forme du versoir, bien en rapport avec la profondeur de la raie, n'exerce sur la bande de terre déplacée aucune pression, et la laisse retomber par son propre poids. Le labour peut être parfait sous ce rapport, et très-défectueux sous d'autres non moins essentiels. Si, par exemple, la bande de terre retombe debout, sans aucune inclinaison, la surface labourée en contact avec l'air aura exactement la même étendue que celle du même terrain avant le labour, et les sommets de toutes les bandes seront au même niveau, sans aspérités. Si les bandes, au contraire, retombent sous un angle plus ou moins ouvert, cette même surface labourée, au lieu d'être unie, sera sillonnée par les arêtes des guérets, et l'étendue de la terre mise en contact avec l'air sera doublée. On obtient une inclinaison plus ou moins forte de la bande de terre retournée selon le rapport établi entre la profondeur du labour et la largeur de la raie. En France, ce rapport est généralement de deux à trois, c'est-à-dire que la largeur de la bande de terre est à la profondeur du labour comme 2 est à 3. Si, par exemple, on laboure à 15 centimètres de profondeur, on prend une bande d'un décimètre; si l'on pique à 18 centimètres, on prend une bande de 12 centimètres, et ainsi de suite. Les cultivateurs de l'Allemagne et ceux de tout le nord de l'Europe suivent la proportion de 5 à 7; pour les labours ordinaires, à 14 centimètres de profondeur, ils prennent une raie d'un décimètre de large; cette même proportion entre la profondeur de la raie et la largeur de la bande est également adoptée par les meilleurs cultivateurs de la Grande-Bretagne.

Dans les concours de charrue, les conditions d'un bon labour sont déterminées d'avance; elles donnent lieu à un certain nombre de bons points, dont le total additionné décide du sort des concurrents. On exige surtout que la raie soit d'un bout à l'autre parfaitement nette; car, s'il est retombé des parcelles de terre par-dessus le versoir, et que la raie en soit plus ou moins encombrée, c'est faute d'attention de la part du laboureur; il faut ensuite que les raies soient d'une rectitude irréprochable, quelle que soit leur longueur. Ce point n'est pas seulement exigé pour la régularité du travail et la beauté du coup d'œil; quand la raie n'est pas exactement en droite ligne, elle a forcément des parties de largeur inégale sur divers points de son parcours : la terre est donc inégalement retournée, inégalement ameublie, et le labour est défectueux. Enfin, les juges du concours mesurent de distance en distance la hauteur verticale de la raie, avec une baguette graduée en centimètres; ils enfoncent la même mesure çà et là dans les guérets, et s'assurent ainsi que la terre a été labourée partout à une profondeur uniforme. La condition de temps est aussi prise en considération, mais on ne lui accorde, avec raison, qu'une importance secondaire; dans la pratique, il vaut mieux, en y mettant le temps sans excès de lenteur, exécuter un labour soigné que de faire précipitamment un labour médiocre, à moins qu'on ne craigne d'être débordé par le temps. C'est ainsi qu'en Suède, par exemple, on enlève les labours avec une rapidité inconnue ailleurs. Aux environs de Stockholm, l'excessive humidité du climat ne permet pas de labourer avant le 20 mai, année moyenne, et les labours ne sont presque plus possibles passé le 1er juillet. C'est dans ce court espace de temps que doit être faite toute la besogne du labourage; on laboure donc en grande hâte, et il le faut bien; cette précipitation, partout ailleurs, serait sans excuse, elle nuirait nécessairement à la perfection du travail. De même, et pour la raison opposée, on est quelquefois contraint, dans nos départements méridionaux, quand les sécheresses sévères du climat du Midi contrarient les travaux des champs, de se hâter pour profiter de la saison où le sol n'oppose pas encore au soc de la charrue une trop forte résistance. Chaque laboureur doit, à cet égard, se conformer aux exigences du climat local.

La règle posée ci-dessus, de donner aux bandes de terre déplacées par la charrue une inclinaison qui multiplie leurs points de contact avec l'atmosphère, comporte quelques exceptions. S'il s'agit, par exemple, de retourner une bruyère qu'on veut rendre à la culture par un bon travail de défrichement, il faut débuter par lui donner un labour qui retourne complétement la bande de terre et la fait retomber à plat dans la raie, les racines de la bruyère restant exposées à l'air. Pour ce cas exceptionnel, le laboureur doit prendre une bande beaucoup plus large que la profondeur de la raie.

DÉFONCEMENTS.

Il y a en France peu de cantons où l'on comprenne bien l'utilité des défoncements; à peine comprend-on généralement les avantages des labours profonds. En principe, quand le sous-sol n'est pas de mauvaise qualité, le sol n'est jamais labouré trop profondément; il ne l'est presque jamais assez. Dans la pratique, le fermier, même quand il est assez éclairé pour se rendre compte des avantages des labours profonds, est arrêté, soit par la difficulté de modifier son matériel et d'augmenter la puissance de ses attelages, soit par celle encore plus grande de faire une quantité d'engrais suffisante pour proportionner la fumure à l'épaisseur de la couche ameublie par la charrue; car plus cette couche est épaisse, plus il lui faut de fumier. Cependant, en supposant le sous-sol peu différent de la surface, il faut remarquer que les parties solubles des engrais vont s'accumuler en pure perte immédiatement au-dessous de ce que les laboureurs nomment *le plancher*, croûte durcie par le passage réitéré de la charrue à une profondeur qui ne varie jamais. Il en résulte qu'en donnant un labour assez profond pour rompre le plancher et le mêler à la couche précédemment cultivée, on utilise des principes fertilisants demeurés longtemps sans emploi, et l'on peut retirer d'un labour profond de grands avantages, sans ajouter beaucoup à la dose de fumier que la terre reçoit habituellement. C'est sur l'observation de ce fait qu'est fondée l'excellente pratique des laboureurs du pays de Waes, en Belgique, qui défoncent tous les ans à la bêche le cinquième de leurs terres, de sorte que l'ensemble est défoncé tous les cinq ans.

Les défoncements à la bêche ne sont possibles que dans les pays où la main-d'œuvre est abondante et à bon marché, et où les plus grandes exploitations ne dépassent pas 25 à 30 hectares d'étendue; partout ailleurs, on ne peut défoncer qu'à la charrue. On a donné précédemment la description des meilleurs charrues fouilleuses ou défonceuses qui ameublissent le sous-sol sans le mêler à la terre de la surface, quand le sous-sol est de qualité trop inférieure, ce qui a lieu le plus souvent. Dans ce cas, l'action de la défonceuse doit être précédée de celle d'une charrue puissante, qui prend toute l'épaisseur de la couche cultivable, et rompt le plancher, s'il y a lieu. On rappelle ici les principaux résultats d'un bon défoncement, que les plus fortes charrues peuvent donner à 30 centimètres de profondeur, quand la couche de bonne terre est suffisamment épaisse. Dans Seine-et-Oise, un cultivateur habile, M. Vallerand, avec une charrue puissante de son invention, donne d'un seul trait des défoncements de 35 à 38 centimètres de profondeur, en attelant à sa charrue six bœufs de première force, après quoi il donne une fumure de 75,000 kil. à l'hectare, enfouie par un second labour, seulement un peu moins profond que le premier. Son assolement est quinquennal; la fumure n'est pas renouvelée pendant les cinq ans de l'assolement; la terre reçoit seulement pendant les dernières années 300 à 400 kil. par hectare de guano, de poudrette ou d'os broyés.

Le sol défoncé à cette profondeur est tout d'abord nettoyé comme par enchantement, les graines et les racines de mauvaise herbe se trouvent enfouies à une telle profondeur qu'elles ne peuvent végéter. Les racines de toutes les plantes cultivées, s'étendant à l'aise dans un sous-sol parfaitement ameubli, profitent complétement de toutes les parties solubles des engrais, qui, lorsqu'on ne défonce jamais, vont s'accumuler en pure perte dans et sous le plancher; les betteraves, carottes, panais, acquièrent une longueur phénoménale et un diamètre proportionné à leur longueur ; enfin, toutes les récoltes sur le sol défoncé contrastent par leur supériorité avec celles des champs de même nature qui les avoisinent et qui n'ont pas été défoncés : tel est le résumé des immenses bienfaits qui peuvent résulter pour la terre cultivée d'un bon défoncement, judicieusement opéré, en se conformant à la nature du sol et à celle du sous-sol.

DE LA MANIÈRE DE BIEN LABOURER.

La bonne exécution des labours exerce une influence si capitale sur le résultat de toutes les opérations de culture qu'on ne saurait rendre trop explicites les notions à ce sujet. Celles qui suivent sont puisées en grande partie dans un remarquable travail publié par M. Casanova, professeur à l'école d'agriculture de la Saulsaie (Ain).

DIRECTION DES LABOURS.

Avant de se mettre à labourer, il importe de se rendre compte exactement des motifs qui doivent déterminer la direction à donner aux raies ou sillons. Le plus souvent, cette direction, primitivement prise d'une manière arbitraire, est continuée de temps immémorial ; le laboureur, trouvant très-commode de refendre les sillons dont il reconnaît la trace sur le terrain, ne recherche même pas s'il peut y avoir lieu de leur donner une direction meilleure et plus rationnelle. Ce point est néanmoins d'une grande importance quand le sol à labourer est en pente fortement inclinée. Dans ce cas, au point de vue de la perfection et de la facilité du travail, les raies doivent être ouvertes dans le sens même de la pente; les attelages fatiguent, il est vrai, beaucoup en montant, mais ils se reposent en descendant, ce qui fait compensation; l'eau des pluies s'écoule rapidement le long des raies, sans pouvoir séjourner nulle part; le résultat du labour est, dans son ensemble, aussi satisfaisant que possible. Mais, si la pente, au lieu d'être modérément inclinée, est très-rapide, alors, il y a lieu de craindre que les fortes pluies d'orage en été et la fonte des neiges à la fin de l'hiver ne fassent de chaque raie un ravin avec un torrent en miniature, tendant à entraîner vers le bas la bonne terre des parties élevées du champ labouré; ce seul inconvénient l'emporte sur tous les avantages du labour dans le sens de la pente, et la direction des raies doit être modifiée. Les attelages et les laboureurs éprouvent trop de fatigue et ont à combattre trop de difficultés, quand on veut donner à ce genre de terrain un labour en travers de la pente; le labour ainsi donné peut rarement être régulier; il faut, comme on dit, partager le différend, et adopter pour les raies une direction oblique, d'autant plus rapprochée de l'horizontale que le sol est en pente plus rapide. On évite ainsi les dégâts que pourraient causer les eaux si les raies étaient ouvertes dans le sens de la pente; le labour est moins parfait, mais, selon l'expression très-juste de M. Casanova, il y a lieu de sacrifier la perfection du labour à la possibilité de son exécution.

Si le terrain est tout à fait plat, ou si sa pente est à peine sensible, la direction des raies devient à peu près indifférente; il faut seulement avoir égard à la forme du champ, et s'arranger pour faire de très-longues raies, afin de n'avoir pas à tourner trop fréquemment. La longueur des raies influe plus qu'on ne le croit communément sur le temps dépensé pour exécuter les labours. En ne tenant pas compte du temps accordé à l'attelage pour souffler au bout de la raie, quand celle-ci est très-longue, temps que le laboureur utilise pour nettoyer le soc de sa charrue en le dégageant de la terre, des herbes et des racines qui peuvent s'être accumulées entre le soc et le coutre, les calculs fondés sur l'observation donnent en moyenne 30 secondes de temps employé à chaque tournée, quand on laboure avec des chevaux, et 35 secondes, quand on se sert d'un attelage de bœufs.

EXÉCUTION DU LABOUR.

On a fait remarquer précédemment qu'une bonne charrue, bien d'aplomb et pourvue d'un bon régulateur, peut, jusqu'à un certain point, se passer de l'intervention du laboureur, dont l'attention principale doit se porter sur le soin de diriger son attelage. La marche des attelages, même de ceux qui sont le mieux dressés à traîner la charrue, tend constamment à diminuer et à augmenter alternativement la profondeur de la raie; sans même s'en rendre compte, le bon laboureur marchant dans la raie règle son pas sur l'allure de son attelage; à chaque mouvement qu'il fait en avant, il pèse plus ou moins sur les mancherons de la charrue, ce qui soulève le soc et tend à diminuer son entrure; il prend facilement l'habitude de faire coïncider ce mouvement de sa part avec l'effort de son attelage en sens opposé; la compensation s'établit sans effort, et la profondeur de la raie, sur toute la longueur de son parcours, est d'une parfaite uniformité.

Le laboureur a besoin de toute son habileté pour bien commencer ses raies, c'est ce qu'on nomme *enrayer*, bien les terminer, ce qui se nomme *dérayer*, et enfin exécuter régulièrement les *tournées* , c'est-à-dire le passage d'une raie à une autre. Rien de plus facile que de bien enrayer lorsqu'on laboure un sol de tout temps bien cultivé, sur lequel subsiste, même après l'enlèvement de la récolte, la trace d'un précédent labour; la besogne est toute tracée pour le laboureur et son attelage; mais c'est ce qui n'a pas toujours lieu. S'il s'agit, par exemple, d'une vieille prairie artificielle épuisée après qu'elle a fait son temps, ou d'une prairie naturelle à rompre pour la rajeunir, le laboureur n'a pas de vestige d'un labour antérieur pour se guider. Il place, dans ce cas, un ou plusieurs jalons dans la direction de sa première raie, et il conduit son attelage en ayant soin que, depuis le moment où il enraye jusqu'à l'extrémité du sillon, le jalon lui paraisse toujours juste au milieu de l'intervalle entre ses deux mancherons; en suivant attentivement cette indication, l'enrayure sera bonne et la rectitude de la première raie sera parfaite; les raies suivantes auront la même régularité, pourvu que le laboureur veille avec soin à prendre constamment une bande de largeur uniforme

Cette partie du labour étant bien exécutée, il s'agit de bien *dérayer*. Dérayer, c'est ouvrir la dernière raie d'une pièce de terre, soit qu'on la laboure à plat, soit qu'on la façonne en planches de différentes largeurs. Quand il ne reste plus qu'une raie à tracer pour terminer le labour d'une portion de champ, on ne prend l'avant-dernière raie qu'à la moitié de la largeur des autres; c'est ce que les laboureurs nomment laisser un *frayon* : il en résulte une séparation nette et droite entre les deux moitiés de la planche labourée, et la dérayure, c'est-à-dire la fin d'un labour partiel, est aussi parfaite qu'elle peut l'être.

La manœuvre des *tournées* au bout de chaque sillon est si correctement décrite par M. Casanova que nous ne pouvons mieux faire que de citer ses paroles, d'une incontestable lucidité :

« Lorsque le laboureur arrive au bout de la raie, dit M. Casanova, il doit peser fortement sur les mancherons, et, par un second mouvement qui suit immédiatement le premier, renverser la charrue sur le versoir. Pendant que l'attelage continue à marcher, le laboureur tient la charrue par le mancheron gauche, et la fait traîner sur l'aile du soc. Les animaux, s'ils sont bien dressés, vont se placer dans la raie, et s'arrêtent. Pendant cet arrêt, le laboureur décrotte sa charrue, la place en face de la ligne qu'il doit suivre, se met en position de labourer, et donne la voix à l'attelage. Lorsque la pointe du soc arrive juste au bout de la *fourrière*, le laboureur lève lestement les mancherons, et le labour se fait. »

TEMPS NÉCESSAIRE POUR L'EXÉCUTION DES LABOURS.

Dans les conditions ordinaires du labourage, le temps nécessaire pour labourer une surface d'une étendue déterminée, en d'autres termes, la quantité de labour qui peut être exécutée dans un temps donné, peut être trouvée mathématiquement en multipliant, par la largeur de la bande de terre que détache la charrue, le chemin que l'attelage parcourt en labourant. On comprend que, dans la pratique, peu de laboureurs s'occupent d'un semblable calcul, dont les trois éléments sont la vitesse de l'attelage, la largeur de la bande de terre et la longueur de la raie. Ils ont d'autant plus de raisons pour ne pas s'y arrêter que le résultat réel comparé au résultat indiqué par le calcul est toujours plus faible dans la proportion de 10 à 12 pour cent; ce n'est pas une raison pour que le chef d'une exploitation renonce à chercher à se rendre compte d'une façon assez précise de la quantité de labour qui peut être effectuée dans un temps donné sur ses terres. La première chose à faire pour arriver à ce résultat, c'est d'abord de bien connaître les dimensions de chacune de ses pièces de terre, la longueur et le nombre des raies dans chaque pièce, et le degré de résistance du sol à labourer. C'est surtout de ce dernier élément que dépend la vitesse, nécessairement très-variable, des attelages pendant les labours; il faut aussi tenir compte de la force et du tempérament des animaux de labour, ce qui dépend en grande partie de leur régime alimentaire. Dans un sol de résistance moyenne, un attelage de chevaux de moyenne taille, de bonne race et bien nourris, peut labourer à raison de 45 mètres par minute, soit 2,700 mètres par heure. Dans les mêmes conditions, un attelage de bœufs ne laboure qu'avec une vitesse de 38 mètres à la minute, soit 2,280 mètres à l'heure. Mais, quand le travail se prolonge, la vitesse des attelages de chevaux ne tarde pas à diminuer, tandis que celle des bœufs reste sensiblement la même, de sorte qu'en fin de compte, les premiers, dans un temps donné, n'effectuent pas beaucoup plus de labour que les seconds.

DIVERS MODES D'ATTELAGE DE LA CHARRUE.

On croit utile de revenir sur les détails qui concernent l'attelage de la charrue, détails d'une grande importance pratique, car, lorsqu'une charrue est mal attelée, il est impossible au meilleur laboureur de faire un bon labour. Ainsi qu'on a déjà eu l'occasion de le faire observer, les bœufs, pour utiliser complétement leur force, doivent être attelés comme les chevaux, par le poitrail; la traction doit se faire, pour les chevaux comme pour les bœufs, par des palonniers attachés à l'âge de la charrue.

Quand l'attelage est de deux colliers, force suffisante pour la plupart des labours, les animaux étant attelés de front, celui de droite marche dans la raie, comme le laboureur; son chemin étant tout tracé, c'est celui des deux qui peut le plus difficilement se déranger; la marche de l'animal de gauche doit, en conséquence, être subordonnée à celle de l'animal de droite. A cet effet, un bâton de 80 centimètres de long est attaché d'un bout au bas du collier de l'animal de droite, de l'autre, à la tête de l'animal de gauche, ce qui oblige ce dernier à conserver exactement sa distance. S'il a plus d'ardeur que son compagnon et qu'il tende à le devancer, ce qui nuit à la régularité du labour, on le met entièrement dans la dépendance de l'animal de droite, en donnant à ses traits un peu moins de longueur, et en le rattachant aux traits de son compagnon au moyen d'une longe, un peu au-dessus du palonnier. L'emploi du bâton que les laboureurs nomment *quenouille* n'est usité que pour les attelages de chevaux. Il y a des chevaux qui contractent l'habitude de la quenouille et semblent déroutés dès qu'on la supprime; d'autres, au contraire, comprennent en peu de temps leur besogne et maintiennent leur distance, sans avoir besoin d'être guidés et contenus ni par la quenouille ni par la longe. Pour les attelages de bœufs, la quenouille, lorsqu'il est nécessaire de régulariser la marche du bœuf de gauche, est remplacée par une forte lance de bois terminée en pointe émoussée, du côté du bœuf de gauche; la gêne que le contact de cette pointe impose à ce bœuf, pour peu qu'il dévie de sa direction, lui fait promptement contracter l'habitude de marcher droit.

Lorsqu'une charrue est attelée de deux colliers, il vaut mieux, sous tous les rapports, que les deux animaux soient attelés de front, à côté l'un de l'autre, en prenant, s'il y a lieu, les précautions qui viennent d'être indiquées pour régulariser leurs efforts communs. Il peut néanmoins arriver que, dans des circonstances tout à fait exceptionnelles, soit en raison de la configuration du terrain, soit parce qu'il y a nécessité de labourer une terre très-forte encore trop humide, qui serait trop comprimée par le piétinement de l'animal de gauche, on doit recourir à un autre mode d'attelage, et placer les deux animaux l'un devant l'autre. A la charrette, cette disposition n'entraîne aucune perte de force; les traits de l'animal de devant sont attachés aux crochets du collier de l'animal de derrière; ils tirent sur la même ligne, et la totalité de leur force est utilisée. A la charrue, le point d'attache du palonnier de l'animal de derrière étant plus bas que son collier, si l'animal de devant est attelé aux crochets de ce même collier, sa force est en partie perdue à agir par saccades sur son compagnon. On remédie, au moins en partie, à cet inconvénient en attachant les traits de l'ani mal de devant, non pas au collier de celui de derrière, mais à ses traits, vers la moitié de leur longueur. Le mode d'attelage des deux animaux l'un devant l'autre est toujours défectueux; mais, quand il y a lieu d'y recourir, il l'est moins, et il y a moins de force perdue en plaçant, comme on vient de l'indiquer, le point d'attache des traits de l'animal de devant.

L'attelage de deux colliers est insuffisant pour donner des labours profonds aux terres fortes argileuses; on attelle, dans ce cas, deux animaux de front et un troisième en flèche, ou bien trois animaux de front. Quand les attelages sont très-bien dressés, cette dernière disposition est la meilleure; mais si, pour atteler trois bêtes de front, on se sert de trois palonniers attachés à une seule balance, et que les animaux ne soient pas tous également dociles et bien dressés, rien n'est plus facile à celui du milieu que de laisser ses camarades supporter tout le travail, sans en prendre sa part, et de se borner à se promener, sans aider en rien au labour; en un mot, dans un attelage de trois bêtes de front sur une seule balance, celle du milieu ne tire que si cela lui convient, et il est naturel que cela ne lui convienne pas. C'est surtout pour cette raison que l'attelage de deux animaux de front, précédés d'un troisième en flèche, est généralement préféré quand il y a lieu d'employer trois colliers sur une charrue. Dans ce cas, le palonnier de l'animal de devant est indépendant des deux autres; au moyen d'une chaîne de longueur suffisante, il a son point d'attache sous l'âge de la charrue.

Un laboureur exercé conduit facilement une charrue attelée de trois colliers, quoique l'animal de devant ne soit pas aussi bien sous la main que les deux autres; mais c'est tout ce qu'il peut faire, et il ne faut pas lui en demander davantage. Quand, pour un défrichement de bruyères ou pour rompre une vieille luzerne en terre forte, il y a lieu d'atteler quatre colliers à la charrue, le laboureur ne doit avoir à s'occuper que de sa charrue et des deux animaux placés sous sa main; les deux de devant doivent être conduits par un guide marchant en avant, dans la raie, qui les empêche de dévier de la ligne droite, en même temps que, par la régularité de son propre pas, il maintient l'égalité de locomotion de tout l'attelage, qu'il fait tourner sans aucun embarras au bout de chaque raie.

Les principes exposés ci-dessus s'appliquent de point en point à la direction et au mode d attelage du buttoir, de l'extirpateur et de la houe à cheval. C'est surtout pour faire fonctionner ce dernier instrument, d'un emploi indispensable pour la culture en grand des plantes sarclées, qu'il faut un laboureur adroit, un attelage également docile et bien dressé. En effet, quand la houe à cheval est mal dirigée, les plantes sarclées perdent plus, par le piétinement de l'attelage et par la déviation des socs de l'instrument, qu'elles ne peuvent gagner par le sarclage lui-même.

SEMAILLES.

Le sol est labouré, dans les meilleurs conditions, défoncé si les circonstances le permettent : il s'agit de l'ensemencer. C'est surtout à l'époque des semailles que le cultivateur exempt de préjugés peut apprécier la différence du sol non drainé avec celui de même qualité qui a été assaini par le drainage. Pour ensemencer le sol non drainé, d'une part, on perd souvent un temps énorme si les pluies d'automne détrempent la terre et s'opposent aux façons qui doivent précéder les semailles; de l'autre, il faut façonner la surface des champs à ensemencer, soit en planches plus ou moins étroites et bombées, soit en billons élevés, séparés entre eux par de profondes rigoles : que de terrain perdu! que de semence répandue en pure perte! Les semailles en ligne au semoir sont impossibles; les semailles à la volée à la main ne donnent un résultat possible que sur la crête des billons et sur la partie la plus bombée des planches; sur le reste de la surface du sol, qui a reçu autant de grain de semence, la végétation languit et le produit est presque nul.

ÉPOQUE DES SEMAILLES.

Il ne faut, quant aux époques des semailles, soit d'automne, soit de printemps, ni s'en tenir avec une confiance illimitée aux usages locaux, ni les rejeter absolument, car ils ont leur raison d'être. Mais, sous le climat variable de la France, adopter des époques invariables et semer à jour fixe, quelque temps qu'il fasse, comme on le fait dans beaucoup de cantons, c'est une pratique contraire au sens commun. En automne comme au printemps, on se repent rarement d'avoir semé trop tôt, on a souvent lieu de se repentir d'avoir semé trop tard. C'est une étude très-importante à faire pour le fermier que celle du résultat des semailles hâtives ou tardives de chacune des plantes cultivées sur son exploitation; d'après ses propres observations, son opinion étant fixée à cet égard, il agira en conséquence, en changeant l'époque de ses principales semailles selon la marche des saisons, variables d'une année à l'autre.

CHOIX DES GRAINS POUR LES SEMAILLES.

Si les cultivateurs pouvaient se former une juste idée de l'influence que le bon choix des semences peut exercer sur la production agricole, ils ne négligeraient aucun moyen en leur pouvoir pour se procurer les meilleures graines de chaque espèce, et ils ne sèmeraient que celles qui possèdent au plus haut degré les qualités qui leur sont propres.

Une récolte, quelle qu'elle soit, est compromise quand la graine employée aux semailles n'est point arrivée à parfaite maturité; il y a de fréquents exemples de céréales complétement manquées, uniquement parce qu'on avait employé pour les semailles du grain récolté un peu avant sa maturité. Le grain, dans ces conditions, est aussi bon et même meilleur qu'un autre, quant à son rendement en farine; il ne vaut rien comme grain de semence. Si toutes les terres à blé de la France étaient ensemencées en grains des espèces et variétés qui conviennent le mieux au sol et au climat de chaque localité, tout le reste de l'agriculture restant tel qu'il est, le produit annuel en grain serait accru d'un quart, d'après les estimations les plus modérées. Mais c'est ce qui n'a presque jamais lieu ; chaque fermier sème les blés adoptés dans son canton, il ignore le plus souvent si l'on en possède ailleurs de variétés plus avantageuses. Il est cependant une loi que personne n'ignore à la campagne, c'est celle qui prescrit de changer périodiquement la semence et de ne pas semer continuellement dans la même terre le grain qu'elle a produit. Si la terre à ensemencer est argileuse, on doit chercher à se procurer, pour les semailles, du blé récolté sur un sol léger, et réciproquement.

Les céréales, particulièrement le froment, peuvent conserver très-longtemps leurs facultés germinatives ; mais, quand on sème de vieux blé, on peut compter que, quand même il lèverait aussi complétement que possible, il lèvera très-tard, ce qui, selon la manière dont se comporte l'automne, peut influer d'une manière fâcheuse sur la récolte; le grain nouveau, quelle qu'en soit l'espèce, lève rapidement, et cette considération seule doit le faire préférer pour les semailles.

DOSAGE DES SEMAILLES.

La quantité de grain de semence à employer par hectare se balance entre 1 hectolitre 50 litres et 2 hectolitres pour toutes les céréales semées à la volée. Les semailles aux semoirs les plus perfectionnés ne répandent pas plus d'un hectolitre par hectare. La question entre les semailles claires et les semailles serrées ne peut être tranchée d'une manière absolue. En semant trop clair, on risque de laisser trop d'espace à la mauvaise herbe, qui peut étouffer la céréale; en semant trop serré, on perd inutilement une quantité importante de grain de semence et l'on risque de récolter plus de paille que de grain. Le fermier qui connaît à fond le degré de fertilité de sa terre et la quantité de fumier qu'il lui a donnée sait d'avance si le grain *tallera* beaucoup, c'est-à dire si chaque plante donnera un plus ou moins grand nombre d'épis : c'est à lui de doser ses semailles en conséquence.

CHAULAGE DES CÉRÉALES.

L'opération du *chaulage* peut être regardée comme une préparation indispensable des grains de semence. Elle a pour but de détruire les germes invisibles des champignons parasites microscopiques qui, sous le nom de *carie*, attaquent les céréales aux approches de leur maturité et détruisent une partie des récoltes; le chaulage n'est pas moins efficace contre la maladie du *charbon*, qui convertit les épis des céréales en une poudre noire semblable à de la poussière de charbon. De tous les procédés de chaulage, le plus simple, conseillé par Mathieu de Dombasle, est aussi le plus efficace; en voici la recette. Incorporez exactement 10 kilogrammes de chaux récemment éteinte et bien délitée avec 1 kilogramme de sulfate de soude en poudre (sel de Glauber). Délayez ce mélange dans assez d'eau pour en former une bouillie très-claire, ou mieux, un lait de chaux un peu épais. Placez par portions le grain de semence dans un panier à anse, à claire-voie, et lavez-le d'abord à grande eau, autant que possible à l'eau courante. A mesure que le grain est lavé, plongez dans le lait de chaux, à deux ou trois reprises, le panier renfermant le grain à chauler; laissez-le bien égoutter, puis répandez-le à terre, remuez-le une ou deux fois à la pelle, et, dès qu'il est assez ressuyé, semez-le immédiatement. Ce mode de chaulage, également prompt et économique, doit être pratiqué pendant le travail des semailles, afin que le grain chaulé puisse être semé sans retard. On peut aussi employer au même usage et de la même manière une solution de sulfate de cuivre à raison d'un kilogramme de ce sel dans 5 litres d'eau; mais ce mode de chaulage n'est pas plus efficace que l'autre, et, comme le sulfate de cuivre (vitriol bleu) est un poison des plus violents, son emploi peut donner lieu à des accidents graves, tandis que le chaulage à la Dombasle est exempt de tout danger; cette considération doit suffire pour lui faire accorder la préférence.

MANIÈRE D'OPÉRER.

Lorsqu'on sème au semoir, l'instrument bien réglé fait la besogne tout seul; le semeur n'a qu'à veiller à ce que la boîte contenant le grain de semence soit remplie à mesure qu'elle se vide, afin que le travail des semailles marche sans interruption.

Pour les semailles à la main, il faut choisir, le soir ou le matin, un moment où l'air est parfaitement calme, marcher d'un pas égal et mesuré, prendre à chaque fois des poignées de grain bien égales et les répandre à des intervalles uniformes, afin que le grain des semailles soit réparti le plus également possible sur tous les points de la surface ensemencée : ce sont les principales conditions de succès des semailles faites à la main, à la volée.

MANIÈRE DE RECOUVRIR LES SEMAILLES.

On enterre les semailles à des profondeurs variables, non-seulement selon les espèces, mais encore selon la nature du terrain ensemencé. Le plus souvent un trait de herse suffit; dans les terrains très-légers, où les jeunes plantes récemment levées se *déchaussent* facilement, on donne, pour recouvrir les semailles et enterrer le grain à la profondeur désirée, un trait d'extirpateur qui pulvérise la surface du sol et la mêle exactement au grain qui s'y trouve partout enterré à une profondeur uniforme. Cette manière d'enterrer les semailles est de beaucoup préférable au hersage; si elle n'est pas plus généralement suivie, c'est qu'il y a forcément des herses dans toutes les fermes, tandis que les fermiers ne font pas tous usage de l'extirpateur.

Toutes les semailles n'ont pas besoin d'être enterrées, plusieurs sont simplement répandues à la surface du sol, où elles germent au bout de quelques jours, beaucoup mieux que si elles avaient été enfouies même à une faible profondeur. Telles sont, en particulier, les graines de trèfle et de sainfoin, qu'on répand au printemps dans une céréale, et qui convertissent le terrain en prairie artificielle, quand la moisson enlevée leur laisse le champ libre.

Quelques semences réclament des soins particuliers, faute desquels elles ne peuvent donner qu'un résultat négatif. La graine de carotte, entre autres, quand on la sème dans le but d'en obtenir une récolte dérobée, doit être préalablement séchée, en l'exposant à la chaleur du soleil, ou à celle d'un four presque refroidi, puis froissée entre les doigts pour briser les aspérités dont sa surface est recouverte. Si l'on répandait dans une céréale la graine de carotte sans lui avoir fait subir cette préparation, les crochets extérieurs de cette graine en retiendraient une partie suspendue aux plantes qui recouvrent le sol; les graines qui arriveraient jusqu'à terre ne seraient guère dans de meilleures conditions; ne touchant au sol que par leurs aspérités, le plus grand nombre ne lèverait pas, et la récolte dérobée serait manquée complétement. D'autres semences très-fines, entre autres celle du pavot-œillette, ne peuvent être convenablement semées ni à la volée, ni au semoir; on les renferme dans une bouteille dont le goulot est fermé d'un bouchon percé, et traversé par un tuyau de plume. En promenant la bouteille légèrement inclinée au-dessus des raies tracées d'avance, on sème avec très-peu de perte de graine. Si, malgré ces précautions, on craint encore de ne pas semer assez clair, la graine renfermée dans la bouteille est mêlée avec un volume égal au sien de sable fin, ce qui rend la semaille aussi claire qu'on peut le désirer.

FENAISON.

Qui a foin a pain, dit le proverbe; plus on a de ressources en fourrages pour bien nourrir le bétail, plus on a de fumier et plus on récolte de grain. Il faut donc ne rien négliger pour opérer la fenaison dans les meilleures conditions possibles, de manière à ne rien perdre du produit précieux des prairies naturelles et artificielles. Envisagée sous ce point de vue, la fenaison n'est guère moins importante que la moisson des céréales.

FAUCHAGE.

Il y a, pour le fauchage des prairies, un moment qu'il faut savoir saisir : si l'on fauche l'herbe trop verte, il y a perte sur la quantité du fourrage récolté; si l'on fauche l'herbe trop mûre, il y a perte sur la qualité. Une fois que l'herbe a porté graine, ses tiges ressemblent plus à de la paille qu'à de vrai foin. Ce n'est pas tout : plusieurs des meilleures plantes fourragères, graminées et légumineuses qui composent le meilleur foin, meurent après avoir porté graine, et la prairie, fauchée un peu trop tard, se trouve l'année suivante à demi ruinée.

L'instant le plus favorable pour le fauchage est celui où la plus grande partie des graminées est en fleurs. C'est une mauvaise économie que d'employer, en les payant un peu moins cher, des faucheurs inexpérimentés, qui ne prennent pas l'herbe assez près de terre et en laissent une partie sur pied ; on doit, au contraire, en y mettant le prix, tâcher de se procurer les meilleurs faucheurs possible ; on regagne bientôt, par la perfection du fauchage, plus qu'on n'a dépensé en les payant en proportion de leur habileté. Un bon faucheur donne son trait de faux à la même hauteur sur toute la portée de son instrument ; un mauvais faucheur laisse l'extrémité de sa faux se relever à chaque trait, il trace sur le gazon fauché des demi-cercles visibles par l'inégalité de hauteur des chaumes restés sur pied. Si la prairie ainsi fauchée avec maladresse est irriguée, l'eau des irrigations, quand elle n'est pas parfaitement claire, forme des dépôts entre les chaumes les plus élevés ; cela suffit pour rendre le nivellement imparfait et pour déranger toute l'harmonie des irrigations.

FANAGE.

Le foin fauché dans la journée doit être mis le soir en *andains*, et y rester toute la journée du lendemain, pour peu que le temps soit incertain. L'herbe fraîche ne perd rien de sa qualité quand elle est mouillée par la pluie ; elle ne commence à se détériorer que quand elle vient à recevoir une ondée de pluie après avoir subi un commencement de dessiccation ; c'est ce qu'on ne peut pas toujours éviter quand on ne se sert pas de faneuse mécanique, et qu'on ne dispose pas d'un nombre suffisant de bras pour enlever la fenaison pendant les intervalles de beau temps, qui sont trop souvent rares et courts à l'époque du fanage. Ce qu'il y a de mieux à faire, dans ce cas, c'est de mettre en meulons le foin à demi sec mouillé par la pluie, en ayant soin de tasser les meulons le moins possible, pour que l'air circule dans leur intérieur. Au premier rayon de soleil, on se hâte de démonter les meulons, on fane vivement, et on rentre le foin en grange ou on le met en meule dès qu'on le juge assez sec.

Dans les pays où l'usage de botteler le foin est en vigueur, on sait à très-peu près, quand le foin est bottelé, ce qu'on en a récolté. Si le foin est mis en meule ou en grange sans être bottelé, il est de toute nécessité de le peser, non pas en totalité, mais tout au moins par approximation. On le dispose à cet effet en meulons d'égal volume apparent, on pèse avec une romaine quelques tas pris çà et là, et l'on en conclut une moyenne assez rapprochée de la vérité. Le foin, dans les quinze jours qui suivent la fenaison, subit, même quand il est rentré bien sec, un mouvement de fermentation qui lui fait perdre environ 5 pour 100 de son poids; il en perd encore autant en complétant sa dessiccation pendant l'hivernage. Ainsi, pour 1,000 kilogrammes de foin sec mis en meule, on a, au bout d'un mois, 950 kilogrammes de foin, et, à la fin de l'hiver, 900 kilogrammes seulement. C'est d'après cette base qu'il faut calculer le nombre de rations que la récolte de foin peut fournir, afin de ne pas se trouver dans l'embarras pour bien nourrir en hiver le bétail de l'exploitation.

On applique exactement les mêmes indications à la fenaison, lorsqu'au lieu d'être coupés à la faux, les foins le sont avec une machine à moissonner, changée instantanément en une machine à faucher, moyennant de légères modifications. Cette manière de faucher les foins n'est, jusqu'à présent, appliquée en France que par exception; partout où elle peut l'être, la récolte des fourrages est complète, car la machine à faucher prend l'herbe d'une façon parfaitement uniforme et aussi près de terre que possible. Si le fermier, assez aisé et assez éclairé pour adopter l'emploi d'une machine à faucher, est en même temps pourvu d'une bonne faneuse mécanique, quelques heures de soleil lui suffisent pour faire sa fenaison sans rien perdre de ses fourrages ni en quantité ni en qualité.

La récolte du fourrage des prairies artificielles, quoique soumise aux mêmes règles que celle du foin des prairies naturelles, exige un soin particulier pour la conservation des feuilles, partie la plus nourrissante de ce genre de fourrage. On ne doit pas craindre de faucher les trèfles et les luzernes un peu plus tôt que les autres fourrages, mieux au début qu'à la fin de leur floraison; à ce moment de leur végétation, ces plantes retiennent mieux leurs feuilles en se desséchant, et leur fourrage conserve mieux la totalité de ses propriétés utiles.

MÉTHODE DE KLAPMAYER.

La méthode de Klapmayer, très-usitée en Allemagne, est spécialement applicable au trèfle. Sous le climat excessivement humide de quelques parties de l'Allemagne, il est souvent fort difficile d'obtenir la prompte et complète dessiccation du trèfle; ce fourrage, fauché et mis en andains même de peu d'épaisseur, fermente et s'échauffe presque aussitôt qu'il est abattu, et, si le temps n'est pas favorable, le foin de trèfle se détériore sensiblement; c'est ce qui a suggéré l'idée de la méthode de Klapmayer. Au lieu de chercher à s'opposer à la fermentation, on la favorise en formant avec le trèfle tout fraîchement coupé de grosses meules qui ne tardent pas à s'échauffer intérieurement, en exhalant une odeur vineuse très-prononcée. Quand la fermentation intérieure des meules est arrivée au plus haut degré, on démonte vivement les tas. On dresse alors, à côté de la place qu'ils viennent d'occuper, trois perches disposées comme des armes en faisceau, et reliées entre elles par deux ou trois autres perches attachées horizontalement. Tout le foin de trèfle est ramassé et rejeté sur cet échafaudage, de façon à figurer une meule nécessairement vide en dedans. Grâce à cet arrangement, la dessiccation du foin de trèfle est bientôt complète, et il a conservé toutes ses feuilles; mais c'est une matière brune, d'une odeur toute particulière, et qui ne ressemble plus guère à du fourrage. Les bestiaux mangent avidement le trèfle ainsi fermenté avant d'être desséché, et le trèfle fané par la méthode de Klapmayer se conserve aussi bien que les autres fourrages fanés par la méthode ordinaire.

DE LA CONSERVATION DES FOURRAGES.

Il n'est pas en France de cultivateur qui ne sache combien il lui importe de ne rien laisser perdre de sa provision de fourrage sec, et il n'y a qu'un bien petit nombre d'exploitations où rien ne soit négligé pour le conserver en bon état. En donnant ici, en détail, tous les procédés rationnels de conservation des fourrages, applicables selon les diverses conditions de climat local, on a principalement pour but de faire bien comprendre aux cultivateurs l'indispensable nécessité de mettre tout en œuvre pour s'épargner de cruels embarras durant l'hivernage, et éviter la dépréciation de leur bétail, leur principale richesse, qui a perdu la moitié de sa valeur vénale quand, faute d'une provision suffisante de bon fourrage sec, il a longtemps souffert de la faim en hiver.

Les principes exposés ci-dessus, quant à la manière de bien faire les foins, ne sont pas applicables partout. En Allemagne, surtout dans le Hanovre et dans les province-prussiennes voisines du littoral de la Baltique, région où l'excessive humidité du climat oppose assez souvent des obstacles sérieux à la fenaison, la méthode de Klapmager modifiée est appliquée à la conservation du foin des prais ries naturelles; c'est ce qu'on nomme, dans ce pays, faire du *foin brun*. Quand il survient des pluies tièdes persistantes, à l'époque de la récolte des foins, et qu'il y a impossibilité évidente de dessécher convenablement l'herbe des prairies pour en faire du foin vert, voici comment on procède. L'herbe mouillée est mise en meulons que l'on comprime assez fortement, afin que l'air ne pénètre pas trop facilement à l'intérieur, ce qui la ferait, non pas fermenter, mais moisir; au bout d'un temps plus ou moins long, selon l'état de la température, l'herbe fermente activement; elle exhale une odeur vineuse, et se change en une masse brune compacte qui n'a pas perdu beaucoup plus de son poids qu'elle n'en aurait perdu en passant à l'état de foin vert; mais son volume est sensiblement réduit. On transporte le foin brun sous un hangar ou dans une grange dont on tient les portes ouvertes; il s'y dessèche tout à fait, et peut alors être conservé pendant un temps indéfini. Pour distribuer le foin brun aux bestiaux, il faut le couper par tranches avec le fer bien affilé d'une bêche, quelquefois même à coups de hache. Tous les herbivores domestiques le mangent avec plaisir; il convient spécialement aux bœufs à l'engrais.

Tous les agronomes allemands qui ont décrit et pratiqué la méthode précédente pour faire du foin brun ont eu soin d'ajouter qu'il ne faut préparer le foin de cette manière que quand on ne peut pas faire autrement, et qu'on ne doit recourir à cette méthode que quand la fenaison est contrariée par la persistance des pluies, et qu'il n'y a pas moyen de convertir l'herbe en foin vert.

De même, en France, où cette méthode est peu connue, on ne doit en conseiller l'application que dans les localités sujettes aux grandes pluies à l'époque de la fenaison; on peut alors sauver une récolte de foin et en tirer le meilleur parti possible en la convertissant en foin brun.

Quoique en général le foin mouillé plusieurs fois pendant la fenaison ait toujours perdu une partie de ses propriétés alimentaires, il y a néanmoins une exception à cette règle. Quand le foin des prés marécageux, où dominent les herbes aigres et dures, a été rapidement séché par un beau temps, il est quelquefois tellement coriace que les bestiaux le rebutent, et qu'il n'est bon qu'à servir de litière. Si cette herbe a reçu plusieurs jours de pluie avant d'être séchée, elle est attendrie, ramollie, et, pourvu qu'on y ajoute une faible dose de sel, ce foin, quoique grossier, est accepté par le bétail, et le nourrit aussi bien que tout autre; il ne faudrait pas abuser de cette exception à la régle qui prescrit de sécher le foin le plus vite et le plus complétement possible; mais il n'est pas inutile de savoir que de l'herbe habituellement employée comme litière peut devenir mangeable pour le bétail quand elle a été mouillée pendant la fenaison; c'est une ressource qui n'est nullement à dédaigner.

Le foin vert, récolté dans de bonnes conditions, peut être

conservé soit en meules, soit dans les greniers, ordinairement placés au-dessus des écuries et des étables; la conservation en meules est de beaucoup la meilleure. Dans les greniers qui surmontent les étables, le foin reçoit les émanations du fumier et de la transpiration des bestiaux, ce qui en altère sensiblement la qualité; rien n'empêche les rats et les souris de s'y établir et d'y multiplier à l'aise; leurs déjections et la poussière résultant de leur travail à l'intérieur de la masse du foin rendent celui-ci malsain pour les animaux herbivores. Dans les meules, surtout quand on ne recule pas devant les frais à faire pour les établir sur une plate-forme en planches, le foin est beaucoup moins exposé aux attaques des petits rongeurs; il ne fermente pas quand la meule est construite avec du foin bien sec, et qu'elle est revêtue d'une bonne couverture de chaume; le foin peut s'y conserver dans le meilleur état possible d'une année à l'autre.

Le soin le plus indispensable pour assurer la bonne conservation, soit dans les meules, soit dans les greniers, du foin des prairies naturelles ou artificielles, c'est de le faire comprimer fortement, couche par couche, plutôt par des hommes robustes que par des femmes ou des enfants. Quand il est suffisamment comprimé, le foin, en supposant qu'il y reste des traces d'humidité, peut s'échauffer jusqu'à un certain point; mais il ne saurait ni fermenter au point de se gâter ou de s'enflammer spontanément, ni contracter la moisissure, qui le rend si malsain pour le bétail.

La forme à donner aux meules n'est nullement indifférente; elle peut et doit varier selon les circonstances locales. Dans les pays du centre de la France, peu sujets aux pluies violentes et prolongées et aux tempêtes du climat océanique, la forme la plus rationnelle et en même temps la plus usitée est celle d'un cône tronqué à la base, jusqu'à deux mètres de terre, et, à partir de cette hauteur, d'un autre cône entier sur lequel est établie la couverture de chaume. Par cette disposition, le toit de chaume de la meule de foin s'arrête à la naissance du cône tronqué; l'eau qui dégoutte du toit en cas de pluie tombe à terre à 25 ou 30 centimètres de la base de la meule, dans une rigole circulaire, ménagée pour lui procurer un prompt écoulement.

Cette forme des meules n'aurait pas assez de solidité pour résister aux ouragans, si fréquents dans nos départements maritimes; un des côtés de la meule conique serait aussi trop exposé à être pénétré par la pluie accompagnée de vents furieux de l'ouest et du sud-ouest. C'est pourquoi, dans les départements du littoral de la Manche et de l'Océan (Normandie et Bretagne), les meules de foin sont habituellement construites en carré long surmonté d'un comble ayant exactement la forme du toit d'une maison. La direction de cette sorte de bâtiment en foin est du nord au sud. ayant par conséquent un de ses pignons à l'ouest. Ce pignon est, de même que le toit, couvert du haut en bas d'un revêtement de chaume. De longues tresses de paille de seigle, aux deux bouts desquelles sont attachées de lourdes pierres. sont jetées transversalement par-dessus ce genre de meules, de distance en distance, ce qui en complète la consolidation. La provision de foin ainsi conservée n'est jamais entamée que du côté de l'est; le toit diminue de longueur en proportion de l'enlèvement du foin pour la consommation du bétail. Tout cet arrangement est le meilleur qu'on puisse adopter pour la conservation du foin en meules, partout où le climat est sujet aux pluies abondantes et aux tempêtes périodiques.

Dans beaucoup de grandes exploitations où le nombre considérable des animaux à nourrir rend nécessaire un large approvisionnement de fourrage sec pour l'hivernage du bétail, on emploie un autre procédé de conservation du foin en meules. Sur une plate-forme carrée, pavée en briques, on dresse quatre perches supportant une très-légère charpente, seulement assez forte pour porter une couverture en toile goudronnée. Au moyen d'une corde et d'une solide poulie, cette toile s'abaisse à volonté, de façon à préserver de la pluie la provision de foin sec mise en meule sur la plate-forme, sans jamais se trouver en contact immédiat avec elle. La provision est entamée par le haut; la couverture mobile descend à mesure que la meule de foin diminue.

Lorsqu'on adopte la méthode très-rationnelle de ne distribuer aux bestiaux que du fourrage haché, il est mieux de faire fonctionner le hache-paille, une fois ou même deux fois par semaine, que de couper d'avance une trop grande quantité de fourrage. Si le foin sec a été bottelé, chaque botte étant d'un poids à peu près uniforme, le poids du fourrage haché est suffisamment connu sans recourir à une nouvelle pesée; la portion de fourrage qui vient d'être hachée ne doit point être conservée temporairement en tas dans le grenier, où elle serait exposée à la poussière et aux attaques des rats et des souris; elle doit être enfermée dans un coffre d'une contenance déterminée, où le fourrage haché ne peut ni se détériorer ni se perdre partiellement.

MOISSON.

On cultive toute l'année ; on ne fait la moisson qu'une fois par an : il faut donc s'arranger pour ne pas perdre par incurie une partie du produit le plus précieux de toute une année de travail, faute bien plus fréquente qu'on ne peut le croire. Le point capital, celui auquel Mathieu de Dombasle recommande de donner la plus sérieuse attention, c'est de tenir tout prêt d'avance et de n'être jamais obligé de retarder un travail urgent pour une cause accidentelle qui aurait pu être évitée. On doit s'assurer d'un nombre suffisant de travailleurs, laisser reposer les attelages, et leur donner un supplément de nourriture, afin qu'ils puissent au besoin donner un vigoureux coup de collier ; tenir les liens préparés pour lier les gerbes et disposer la place pour monter les meules ; aucun de ces préparatifs indispensables ne doit être fait pendant le travail de la moisson, que rien ne doit ni interrompre ni retarder.

Il y a en France des départements entiers, surtout dans la région de l'Ouest, où l'on fait la moisson d'une manière vraiment incroyable. Les céréales sont sciées à la faucille, telle que l'employait Triptolème il y a trente siècles ; pour ne pas se fatiguer en se courbant, les moissonneurs laissent sur pied *la moitié* de la hauteur des chaumes, et les *éteules* restent en place jusqu'à ce que les intempéries des saisons les aient en partie détruites. Ailleurs, on moissonne à la faucille en se courbant en deux, position fatigante qui ne permet pas au moissonneur d'abattre plus de 20 ares de seigle ou de froment en une journée de dix heures de travail. La besogne marche un peu plus vite quand on se sert de la faux; mais, quand les blés sont forts, le travail du faucheur qui les coupe est si rude que, quand il a travaillé de cette manière pendant six heures, il en a assez.

SAPE FLAMANDE.

De tous les procédés en usage en Europe pour faire la moisson des céréales, il n'en est pas qui puisse être comparé à la *sape* du *piqueteur* flamand. Cette méthode remonte à une très-haute antiquité, car on la voit figurée telle qu'on la pratique de nos jours, sur les plus anciennes miniatures qui ornent les manuscrits du commencement du moyen âge. Voici en quoi elle consiste : le moissonneur tient de la main gauche le *piquet*, long crochet de fer adapté à un manche de bois plat, retenu autour du poignet par une courroie. Avec le piquet, il isole une brassée d'épis, qu'il contient dans une position inclinée. De la main droite, il tient une petite faux à manche court, qui, en raison de la forme particulière de son manche, tourne dans la main par un mouvement particulier dont on prend aisément l'habitude; il frappe sur la base des épis isolés par le piquet, et range aussitôt de côté avec le piquet le blé abattu, de sorte que les javelles sont toutes préparées, il n'y a plus qu'à les lier. Le piqueteur avance latéralement de droite à gauche, et reprend de gauche à droite quand il est au bout de la ligne. Le grand avantage des instruments du piqueteur, c'est que la moisson se fait aussi facilement à la sape quand le blé est versé que quand il est droit; un bon piqueteur coupe sans excès de fatigue 40 ares de froment dans sa journée de travail. Pendant des siècles, quoique la Belgique, où l'on ne moissonne pas autrement qu'à la sape, touche à la France par une frontière de 400 kilomètres, toutes les céréales de nos champs ont été moissonnées à la faucille, rarement à la faux. Depuis 40 ans environ, la rareté de la main-d'œuvre dans les campagnes, au temps de la moisson, a fait accueillir les piqueteurs belges, qui viennent par bandes moissonner à la sape là où leur concours est réclamé. Ils ont commencé par les départements du Nord et du Pas-de-Calais; en 1830, ils ont franchi la Somme; en 1850, ils franchissaient la Loire. Aujourd'hui (1861) la méthode belge, pour la moisson des céréales, est si bien appréciée qu'on se met à fabriquer, dans tous nos pays à blé, des sapes et des piquets et à apprendre à s'en servir; avant peu, on ne moissonnera plus autrement par toute la France.

MOYETTES.

Le blé coupé et lié en javelles était, selon l'antique usage, mis en tas sur le sol; le grain germait dans l'épi quand la terre était humide et que la pluie contrariait la rentrée des céréales; mais il n'y avait rien à dire : c'était l'usage du pays. Depuis quelques années seulement on commence à adopter, lorsque l'été est pluvieux pendant la moisson, l'excellente coutume belge de mettre les blés liés en *moyettes* à la flamande. Trois gerbes sont d'abord posées debout, appuyées l'une contre l'autre comme des armes en faisceau. Une quatrième gerbe est déliée à moitié, ouverte comme un parasol, et étendue, les épis en bas, en guise de toit sur les trois autres. Plusieurs jours de pluie n'endommagent pas les céréales mises en moyettes de cette façon; la pluie glisse dessus, et l'air qui circule entre les gerbes placées debout en assure la rapide dessiccation. C'est encore là une pratique appelée à faire le tour de l'Europe; elle assure la rentrée de la moisson en bon état, même sous l'empire des circonstances atmosphériques les plus défavorables.

Les fermiers des plaines du département du Nord, où la moisson à la sape est en usage de temps immémorial, suivent, pour mettre les blés en moyettes, une méthode particulière qui, selon les circonstances, peut avoir ses avantages, et que, pour cette raison, il est utile de faire connaître. Les femmes qui suivent les sapeurs ou piqueteurs, trouvant à terre le blé tout disposé en javelles, ramassent deux javelles seulement, et les attachent ensemble pour en former une petite gerbe au moyen d'un lien de paille de seigle modérément serré; chacune de ces gerbes ne doit pas avoir plus de 60 centimètres de circonférence, à la hauteur où elle est liée. Les gerbes restent à terre, en rang, toute la journée, à moins qu'il ne fasse trop mauvais temps. Vers le soir, quelque temps qu'il fasse, les ouvrières relèvent toutes les gerbes et les posent, deux par deux, l'une contre l'autre, debout, assez inclinées pour qu'il reste entre leurs bases un espace libre, de 40 à 50 centimètres. Six ou huit paires de gerbes, ainsi posées à la suite l'une de l'autre, forment une sorte de galerie, dans laquelle il s'établit un courant d'air : c'est ce qu'on nomme dans le pays *une chaîne*. Deux javelles sont ensuite déliées, étendues les épis en bas pour remplir les fonctions du *chapeau* des moyettes flamandes ordinaires, et contenues par un lien très-long de paille tordue qui fait le tour de la chaîne; on a soin de serrer suffisamment cette corde pour consolider le petit édifice de gerbes, et empêcher qu'il ne puisse être renversé par le vent : c'est ce qu'on nomme le *manteau* de la chaîne. Une chaîne revêtue de son manteau brave le mauvais temps mieux qu'une moyette ordinaire, dont, au reste, la chaîne n'est qu'une simple modification, reposant sur le même principe; elle a, dans les très-grandes exploitations, l'avantage d'économiser le temps et la main-d'œuvre. Quand les gerbes disposées en chaînes sont assez sèches pour être enlevées et mises en meules ou serrées en grange, la besogne marche d'autant plus vite que les charrettes ne sont pas forcées de s'arrêter à chaque pas pour charger les quatre gerbes dont se compose une moyette ordinaire. Le blé en petites gerbes, tel qu'il doit être lié pour être mis en chaînes, est plus facile à entasser régulièrement dans les granges ou dans les meules.

Le système des moyettes et des chaînes est applicable aux orges et aux avoines comme aux seigles et aux froments. Quant aux avoines, on sait qu'une forte rosée ou même quelques ondées de pluie, loin de nuire au grain, lui donnent de la qualité; il ne faut, par conséquent, mettre l'avoine en moyettes ou en chaînes que quand cette céréale a subi l'influence utile d'une humidité modérée, en séjournant quelque temps à plat sur le sol. On peut, avec les mêmes avantages, mettre en moyettes ou en chaînes, conformément aux circonstances et au climat local, toutes les céréales moissonnées au moyen des machines, dont l'emploi commence à s'introduire dans les grandes exploitations, concurremment avec la moisson à la sape des piqueteurs belges

DE LA MOISSON DES CÉRÉALES A L'AIDE DES MACHINES.

On a signalé ci-dessus (page 44) les avantages des machines substituées au simple travail manuel pour la moisson des céréales; quelques mots d'explication sur leur manière de moissonner rendront plus sensibles ces avantages. Dans son remarquable rapport sur le concours des machines à moissonner, ouvert en 1860 à la ferme de Fouilleuse du domaine impérial, M. Barral traçait ainsi le rôle des machines en général dans l'agriculture contemporaine:

« On a vu le charron et le forgeron de village faire mille efforts pour acquérir un peu de science, et perfectionner les grossiers outils de l'agriculture primitive. Peu à peu les machines agricoles sont nées. Au lieu de van, on a eu le tarare; le hache-paille et le coupe-racines ont remplacé le couteau et la hachette; la machine à battre tend à faire disparaître le fléau; le trieur mécanique épure plus rapidement et plus complétement les céréales pour semence que ne pourraient le faire les doigts des femmes et des enfants. Aujourd'hui la faucille, la faux, la sape peuvent être remplacées par les machines dans une grande partie des pénibles travaux de la moisson. »

Le nombre de ces machines, qui fonctionnent dès à présent en France, dans les pays de grande culture, montre que leur emploi est accepté des cultivateurs amis du progrès; il l'est aussi, et sur une assez grande échelle, parmi les colons européens de l'Algérie. Les avantages que peut procurer à l'agriculture l'exécution de la moisson par les machines doivent être envisagés sous deux points de vue essentiels, celui de la *promptitude* et celui de l'*économie*. Le premier de ces deux aspects de la question de l'emploi des machines à moissonner est de beaucoup le plus important. En assurant, en tout état de cause, l'exécution de la moisson en temps utile, en affranchissant le producteur de toute dépendance quant à l'insuffisance de la main-d'œuvre à un moment donné, les machines à moissonner rendront à la France, quand leur emploi sera général dans les pays de grande culture, des services évalués, par les agronomes les plus compétents, à l'équivalent d'une augmentation d'*un cinquième* sur la production totale des céréales en France. Ainsi, à dépense égale, en supposant que l'emploi d'une bonne machine à moissonner coûterait aussi cher que celui de la faucille, de la faux ou de la sape, par cela seul qu'avec les machines la moisson peut être faite et bien faite en temps utile, quel que soit l'état de la température, le service des machines est un progrès de la plus haute portée, et leur propagation doit être l'objet des soins de tous les amis du progrès de l'agriculture. Au point de vue de l'économie, il y a lieu de comparer le prix de revient du travail des moissonneurs et du travail des machines à moissonner. Un froment, dans de bonnes conditions, qui n'est ni versé ni trop dur, peut être moissonné à la faux, à raison de 50 ares environ dans une journée de travail; mais les faucheurs doivent se relayer, aucun ouvrier ne pouvant, sans être excédé et tomber malade, faucher du froment dix heures par jour. En comptant à 3 francs les deux demi-journées de deux bons faucheurs, ce qui est à peu près la moyenne des prix actuels en France (1861), 1 hectare de froment peut être fauché à raison de 6 francs.

La machine à moissonner de MM. Burgess et Key a moissonné, au concours de Fouilleuse en 1860, à raison de 60 ares par heure, dans un froment incomplétement mûr, sur un sol détrempé par plusieurs jours de pluie; on peut donc admettre cette vitesse d'exécution comme moyenne du travail ordinaire de cette machine, ce qui donne pour résultat *six hectares* moissonnés dans une journée de dix heures, avec le concours de deux ouvriers et le service de deux animaux d'attelage. Le service de la machine, avec son attelage et les hommes qui la dirigent, revient en moyenne à 30 francs; elle moissonne donc à raison de 5 francs par hectare. Il est vrai qu'elle a, comme toutes les machines un peu compliquées, l'inconvénient du chapitre des accidents, des chances de dérangement difficiles à réparer à la minute; mais si, comme pour les machines à battre, dont la rapide propagation a dépassé toutes les prévisions, il se rencontre des propriétaires de machines à moissonner, allant de ferme en ferme faire la moisson à un prix déterminé par hectare, ayant avec eux des ouvriers exercés et des pièces de rechange pour être en mesure de parer à tous les accidents, et de faire marcher le travail de la moisson sans interruption, la difficulté sera à la fois tournée et vaincue, et la moisson par les machines deviendra possible et avantageuse, dans les plus larges proportions. Tel est l'avenir qui paraît réservé aux machines à moissonner; tel est le rôle que ces machines sont appelées à remplir dans l'agriculture française.

(N. B.) Les variations fréquentes des prix des machines agricoles, en raison des simplifications qu'elles reçoivent de jour en jour, ne permettent pas de donner avec quelque certitude, leur prix moyen actuel, qui ne serait plus le prix de demain.

TABLE DES MATIÈRES.

Paris, impr. de Paul Dupont, rue de Grenelle-Saint-Honoré, 45.

Paris, imprimerie de Paul Dupont, rue de Grenelle-Saint-Honoré, 45.

www.ingramcontent.com/pod-product-compliance
Ingram Content Group UK Ltd.
Pitfield, Milton Keynes, MK11 3LW, UK
UKHW021308190726
13839UKWH00007B/535